农技推广示范站培育新型职业农民实践研究

NONGJI TUIGUANG SHIFANZHAN PEIYU
XINXING ZHIYE NONGMIN SHIJIAN YANJIU

——以西北农林科技大学试验示范站为例

赵　丹　董瑞昶　著

中国农业出版社
北　京

图书在版编目（CIP）数据

农技推广示范站培育新型职业农民实践研究：以西北农林科技大学试验示范站为例/赵丹，董瑞昶著 .—北京：中国农业出版社，2023.8
ISBN 978-7-109-30876-3

Ⅰ.①农… Ⅱ.①赵… ②董… Ⅲ.①农业科技推广－研究－中国 ②农民教育－职业教育－研究－中国 Ⅳ.①S3-33 ②G725

中国国家版本馆 CIP 数据核字（2023）第 125172 号

中国农业出版社出版

地址：北京市朝阳区麦子店街 18 号楼
邮编：100125
责任编辑：石飞华
版式设计：杨 婧 责任校对：张雯婷
印刷：北京印刷一厂
版次：2023 年 8 月第 1 版
印次：2023 年 8 月北京第 1 次印刷
发行：新华书店北京发行所
开本：700mm×1000mm 1/16
印张：9
字数：142 千字
定价：59.00 元

本书项目资助：

国家自然科学基金面上项目"基于集群发展的乡村小规模学校教育质量提升研究"（71874140）；陕西师范大学特聘教授科研支持项目。

作者简介：

赵丹（1982—　），陕西师范大学教育学部特聘教授，博士生导师。曾任西北农林科技大学人文社会发展学院教授；兼任中国教育学会农村教育分会理事，国家自然科学基金项目通讯评审专家，教育部学位与研究生教育发展中心评审专家等。先后主持国家自然科学基金面上项目、国家自然科学基金青年项目、教育部人文社科青年基金、陕西省重大理论与现实问题研究项目等；获得陕西省哲学社会科学研究成果三等奖，陕西省高等学校优秀研究成果一等奖、二等奖等多项奖励；在《教育研究》、*Asia Pacific Education Review* 等国内外高水平期刊发表论文 50 余篇；获得本科生创新创业优秀指导教师、师德师风先进个人等荣誉。

董瑞昶（1995—　），山西大学政治与公共管理学院讲师。研究方向为农村教育发展。

前　言

党的二十大报告提出："全面推进乡村振兴。全面建设社会主义现代化国家，最艰巨最繁重的任务仍然在农村。坚持农业农村优先发展，坚持城乡融合发展，畅通城乡要素流动。加快建设农业强国，扎实推动乡村产业、人才、文化、生态、组织振兴。"在我国全面推进乡村振兴战略实施进程中，农业农村优先发展的关键在于培育一支"有文化、爱农村、懂农业、精技术、善经营、会管理"的高素质农民队伍，他们是促进农业现代化转型、建设农业强国的人才支撑和根本力量。但当前，我国广大农业生产经营者还存在年龄偏大、文化水平较低、现代农业理论知识和专业技能跟不上等问题。"谁来种地，如何种好地"的时代课题持续为我国高素质农民培育工作提出更高的要求。针对这一难题，自 2012 年中央一号文件提出"新型职业农民"这一概念以来，以培养职业农民、现代农民以及高素质农民的新型职业农民培育工作，成为我国"三农"领域的重要政策，被历年中央一号文件以及乡村振兴、农业现代化、共同富裕的相关文件所提及。特别是在 2020 年中央一号文件《中共中央 国务院关于抓好"三农"领域重点工作确保如期实现全面小康的意见》中提出的："整合利用农业广播学校、农业科研院所、涉农院校、农业龙头企业等各类资源，加快构建高素质农民教育培训体系。"在党中央的高度重视下，我国各地充分挖掘本地农业产业特色优势，锚定"生产型、技术服务型、经营管理型、社会治理型"等多类高素质农民群体，集结农广校、科研院所、涉农院校、农业龙头企业等多元培育主体力量，不断探索高素质农民培育的有效路径和创新模式。在诸多培育主体中，涉农院校拥有高水平的农科教人才和培训资源，是高素质农民培育的重要主体之一。

西北农林科技大学作为我国唯一一所地处小镇的一流农业大学，被誉为"高校服务三农的一面旗帜"。2005 年以来，该校在全国各地围绕区域农业主导产业建立 27 个农技推广试验示范站（以下简称示范站），并探索构建了以示范站为依托的大学农技推广模式。在实践中，"示范站"模式推动了地方农业产业的快速发展，大幅提高了农民的收入，有效解决了农技推广"最后一公里"的问题。同时，随着政策调整和农业转型发展，示范站的职能也在不断拓展，"示范站"模式的内涵不断丰富。自新型职业农民、高素质农民培育工作开展以来，示范站广泛参与到各地区的高素质农民培育工作当中，并积极创新培育模式，成为农业高校参与高素质农民培育工作的典范。因此，在全面推进乡村振兴的背景下，本研究聚焦于西北农林科技大学参与新型职业农民培育的实践，总结其经验和教训，以期为创新高素质农民培育模式、推进全国高素质农民培育工作提供借鉴。

本书采用个案研究的方法，选取西北农林科技大学眉县猕猴桃示范站、白水苹果示范站、阎良甜瓜示范站作为调研地，综合采用实地调查、问卷法和访谈法等多种方法收集材料。本书共分为7章。第1章，介绍本研究的缘起、研究价值、国内外研究现状、研究方法、理论基础、相关概念以及创新点。第2章，介绍西北农林科技大学示范站的建设和发展状况，着重介绍眉县猕猴桃示范站、白水苹果示范站、阎良甜瓜示范站的建站背景。第3章，分析西北农林科技大学示范站培育新型职业农民的优势，着重运用社会网络等相关理论分析示范站独特的农技推广模式。第4章，总结论述西北农林科技大学示范站培育新型职业农民的具体实践和路径，依次为：长期开展农业技术服务工作，大学教师直接参与理论和实践教学，示范站承担实训参观环节，组织多种形式的国际交流活动，建立持续培育机制，开展终身教育。第5章，分析西北农林科技大学示范站培育新型职业农民取得的成效，分别从引领猕猴桃产业快速发展、提高农民的人力资本水平、农民收入大幅增长三个方面，结合调研获得的访谈资料和问卷数据进行系统论述。第6章，分析目前西北农林科技大学示范站培育新型职业农民存在的问题。第7章，结合研究发现的问题，提出相应的提升对策，包括：建立示范站与地方政府的协同机制，并明确权责分工；增加资金和政策支持建立长期专项资金，制定优惠政策；因地制宜调整培育流程，建立课程免修机制；创新示范站的组织结构，优化示范站人力资源配置。

著　者

2023 年 1 月

目 录

第1章 │ 导　　论

1.1　研究背景

　　改革开放以来，伴随城镇化、工业化进程，大量农民进城务工，为中国经济持续快速增长做出了重要贡献。但同时也加剧了农村地区农业劳动力老龄化、农村空心化等问题，加之农业投入回报周期长、自然风险和市场风险大等因素制约，我国农业农村发展仍面临农产品供求结构失衡、要素配置不合理、资源环境压力大、农民收入增长乏力等问题，未来"谁来种地""怎么种地"已成为我国农业发展的关键问题。在此背景下，党的十九大报告提出要实施乡村振兴战略，加快推进农业农村的现代化。乡村的振兴，农业农村的发展和实现现代化，其核心抓手必定是农民（梁成艾，2018）。《"十三五"全国新型职业农民培育发展规划》提出，培育新型职业农民是解决"谁来种地"问题的根本途径，是加快农业现代化建设的战略任务，同时对全国新型职业农民培育工作提出了明确的目标，指出到"十三五"末，全国新型职业农民的总量需超过 2 000 万人，年均增长需超过 146 万人。因此，在实现乡村全面振兴长期目标和"十三五"末全国新型职业农民总量突破 2 000 万人短期目标的共同驱使下，创新我国新型职业农民培育模式，加快培育一批高素质的新型职业农民尤为关键。

　　2018 年中央一号文件《中共中央 国务院关于实施乡村振兴战略的意见》指出："大力培育新型职业农民。支持地方高等学校、职业院校综合利用教育培训资源，灵活设置专业（方向），创新人才培养模式，为乡村振兴培养专业化人才。"2019 年中办、国办发布的《关于促进小农户和现代农业发展有机衔接的意见》也针对性地指出，新型职业农民培育工程应将小农户作为重点培训对象，帮助小农户发展成为新型职业农民。要引导农业科研机构、涉农高校、农业企业、科技特派员到农业生产一线建立农业试验示范基地。可见，高等院校是培育新型职业农民的重要主体之一，特别是长期面向广大农民开展农业技术推广服务的农业类高校，培育新型职业农民是其在新时代背景下服务三农的重要使命。

1.2 研究目的

我国各大农业高等院校长期在农业科学领域开展教学、科研和社会服务工作，这些高校长期服务于农业技术推广和农民培训，在助推我国农业现代化发展进程中扮演了重要角色，西北农林科技大学便是其中的典型代表。该校面向国家和区域主导产业发展需求，积极开展科技成果示范推广和产业化工作。自 2005 年开始，在中央和地方政府的大力支持下，借鉴美国农业推广经验，在国内率先建立了一套"以大学为依托的农业科技推广新模式"，在全国范围内建立了集试验研究、示范推广、人才培养和国际交流于一体的 28 个示范站和 46 个示范基地，推动了地方农业产业的快速发展。同时，自我国 2012 年实施新型职业农民培育政策以来，西北农林科技大学示范站也在积极探索新型职业农民培育工作的创新模式，并在实践工作中积累了丰富的经验。但目前，国内学者在这方面还缺乏针对性的系统研究，该校示范站培育新型职业农民的做法和取得的成效缺乏归纳和总结。因此，本研究以西北农林科技大学眉县猕猴桃示范站、白水苹果示范站和阎良甜瓜示范站三所示范站为例，对示范站培育新型职业农民的具体实践进行系统的分析、归纳和总结，并针对目前存在的问题，提出相应的对策，以期为全国其他高等农业院校开展新型职业农民培育工作提供借鉴。

1.3 研究意义

1.3.1 理论意义

第一，运用社会网络理论分析西北农林科技大学示范站的农技推广模式，有助于深化对社会网络理论内涵的理解并促进其在农技推广领域中的应用。西北农林科技大学示范站的农技推广主要为"推广教授＋基层农技人员＋乡土专家＋示范户"模式,在社会网络理论视角下,推广教授、农技人员、新型职业农民在农技推广中分别架起了不同群体之间沟通的桥梁,极大地提高了农业技术的传播速度和效果,有效解决了农技推广"最后一公里"的问题。这一模式契合了社会网络理论中的结构洞理论观点,有助于深化理解其理论内涵。同时,结构洞理论也有助于进一步解释并推进农技推广模式的进一步研究。

第二,运用终身教育思想解读西北农林科技大学示范站培育新型职业农民培育的具体做法。主要体现在,职业农民在结业之后,在生产中仍然会遇到各种新问题,示范站采用在作物生长的关键环节组织培训,与职业农民结对子,遇到突发情况及时进行指导等方式,为农民保驾护航,建立了新型职业农民持续培育机制,本质上是对新型职业农民开展终身教育,为促进其终身学习提供重要的保障。

1.3.2　现实意义

第一,研究通过总结西北农林科技大学示范站培育新型职业农民的具体实践,其主要做法为长期开展农业技术服务、大学教师参与理论和实践教学、示范站承办实训参观环节、组织多种形式的国际交流活动、建立持续培育机制、开展终身教育。并分析取得的成效,促使西北农林科技大学示范站在现代农业发展中的地位得到提升。

第二,通过实地调查,分析目前阶段示范站的新型职业农民培育存在的问题,进一步提出对应的提升对策。首先,建立示范站与地方政府的协同机制,明确权责分工;其次,增加资金和政策支持建立长期专项资金,制定优惠政策;再次,因地制宜调整培育流程,建立课程免修机制;最后,创新示范站的组织结构,优化示范站的人力资源配置。有助于"西北农林科技大学模式"的升级,能更加持续、有效地提升广大农民的人力资本水平,使其成为"有文化、懂技术、善经营、会管理"的新型职业农民。

第三,通过对西北农林科技大学示范站培育新型职业农民具体实践进行深入研究,形成先进经验,并对目前暴露的问题提出建设性的意见,可以为国内其他高校开展农技推广与新型职业农民培育工作树立典范,进而推动农业的现代化。

1.4 研究现状

1.4.1 国内研究现状

新型职业农民培育目前是国内研究的一个热点问题，但系统研究依托高等院校农技推广体系培育新型职业农民的文献相对不足。笔者从高等院校培育新型职业农民的背景、方式和效果、存在问题、提升对策等几个方面对国内现有文献进行了收集和整理。

1.4.1.1 高等院校培育新型职业农民的途径研究

单武雄（2015）指出，湖南生物机电职业技术学院采用实习实训基地培训，专家下乡，远程教育，依托国家项目，培训农技人员间接服务的模式培训新型职业农民。解李帅（2015）指出，湖南农业大学通过实施"双百"科技富民工程和科技特派员制度，开展大学生暑期三下乡活动，利用农村科技示范基地和信息平台培育新型职业农民。陈楠等（2018）从直接参与和间接参与两个方面，对我国目前高校参与新型职业农民培育的模式进行了总结：直接参与型包括建立农村示范基地、培育农村能人、组建农民协会三种模式；间接参与型包括向农村成人教育机构提供学习资源、技术指导、师资培育，依托现代媒体，运用科教宣传片、专家热线等形式参与新型职业农民培育。周芳玲等（2016）指出，太原生态工程学校通过实施送教下乡活动培养新型职业农民，山西运城农业职业技术学院通过开展基层农技人员培训、上门办学、举办大学生干部创业培训培养新型职业农民。张险峰（2015）指出，东北农业大学通过学历教育、校地对接、短期集中培训、现代远程教育、专家网上在线咨询等模式培育新型职业农民。

1.4.1.2 高等院校培育新型职业农民取得的成效研究

解李帅（2015）指出，湖南农业大学培育新型职业农民取得了提高农民多种技能、有力促进当地特色产业发展的成效。高杰等（2015）指出，四川省新津县的新型职业农民培育工作取得的成效有：提高了农民参加培训的积极性，增强了全县的农业竞争力和农民增收能力，推动了规模农业和生态农业的迅速发展。叶优良等（2016）指出，在中国农业大学"科技小院"农技推广模式的作用下，农业生产力得到提高，农民的科学种田意识得到提高，农民生产中的问题得到及时解决，丰富多彩的文化活动激发了农户使用农业技术的热情。郭占锋（2014）以陕西省三个村庄为例，分析西北农林科技大学"示范站"农技推广模式对村庄与农民的影响：对村庄的影响方面，主要体现在改变当地产业结构、促进技术创新、解决就业问题、提高村组织影响力；对农民的影响方面，主要从家庭收入、生产方式、生活方式、思想态度四个方面论述了"示范站"模式带给农民的积极影响。

1.4.1.3　高等院校培育新型职业农民存在的问题研究

吕莉敏等（2018）指出，高等职业院校培育新型职业农民面临的问题有：涉农高职偏少，涉农专业生源不足，专业设置与现代农业需求脱节，涉农专业"双师型"队伍有待加强。刘丽梅等（2016）指出，农业院校在秦皇岛市开展新型职业农民培育时面临的困境主要有缺乏专项经费支持，教师时间和精力有限，培训人员组织困难。何国伟（2016）指出，高职院校培育新型职业农民面临着培训内容和方式不明，管理难度大，师资有限的问题。此外，一些学者在分析西北农林科技大学示范站农技推广模式时指出，"示范站"模式目前仍处于探索阶段，在实际中存在一些问题。比如：由于专家和技术人员的青黄不接、相对短缺，不能对农户进行全面的指导培育，部分农民不能直接的接收培育；试验示范站缺乏持续的资金支持；获得政府支持难；试验示范站服务区域小，产业覆盖不够（郭占锋，2012，2014；杨宏博等，2014；申秀霞，2016）。在农民培育方面，高志雄（2013）以眉县猕猴桃试验示范站为例，指出试验示范站没有建立成熟完善的农民培育体系，对产前、产后指导不足；没有完善的考核体系，使学员学习时不够认真，培育不能达到预期的效果。

1.4.1.4　高等院校培育新型职业农民的对策研究

针对目前高等院校培育新型职业农民存在的问题，一些学者提出了自己的观点。单武雄（2015）指出，应该加强师资队伍与平台建设，加大政策支持和宣传力度。罗迈钦（2014）指出，应该确认培育主体，提升师资力量，创新人才培养模式，营造新型农民的培育环境。杨璐璐（2018）指出，湖州农民学院应制订新型职业农民培育指标，加大培育力度，提升农民培育的精确度，提升农民职业教育质量，创造良好的培育环境。王玉东等（2018）指出，应坚持政府主导，创新培育方式，重视观念教育。唐德方等（2013）提出，开展农民培育应该依据培育内容开展培育、依托基层农技推广体系开展培育、结合各类农业重点项目实施开展培育、整合培育资源，搭建部门协作、资源配置合理的良好格局。赵春蕊（2004）指出，要提高推广队伍的认识；提高基层推广人员的素质；调整培育内容；因材施教，改进方法提高培育效果。高志雄（2013）指出，试验示范站要建立完善的培育体系，加大对产前、产后的指导。申秀霞（2016）指出，应该明确并保障推广类教师的地位并且在农技推广中探索职业农民培育模式，培育职业农民。

1.4.2 国外研究现状

以下从农民职业培训的途径、效果、问题、对策四个方面对国外文献进行了整理和归纳。

1.4.2.1 农民职业培训的途径研究

国外学者一直将农技推广视为农民教育培训的主要方式。人力资本之父舒尔茨（1987）在《改造传统农业》中指出，农民可以通过接受政府组织的农技推广获得农业新技术。他还指出，农民由于农忙而没有时间上正规学校，所以在农闲时间组织短期的培训班、技术的示范以及组织对农民的教育和培训都是很有效的。Opara（2008）基于对尼日利亚 1 300 余名农民的调查指出，农民对农业生产经营知识以及农业信息有很大的需求，农技推广机构应该对农民进行相关的培训。在农民职业培训方面，由于世界各国国情不同，因此采取的方式也各不相同：美国通过建立农学院、示范站、推广站对农民进行培训，并且三个主体紧密结合，由农学院统一领导各州的农业教育、科研和推广工作；法国的农民培训有高等农业教育、中等农业职业教育、农民职业培训三种形式，这三种形式都有清楚的培训目标和培训对象，农民、农业技术人员、农业科研人员都有对应的学校进行培养，十分系统和完善；英国在工业革命之前，由教会主要承担农民教育，并且面对全体农村居民，实行免费教育（刘艳琴，2013）。

1.4.2.2 农民职业培训的作用研究

Istudor（2010）选取多瑙河下游地区的 4 年农民培训情况进行分析和对比指出，对农民进行职业培训可以带动本地区的经济发展并能够有效解决社保问题。Ulimwengu（2010）以越南水稻生产为例指出，与初等和中等教育相比，职业培训对提高农业生产力的影响更大。詹姆斯·海克曼（2003）指出，世界各国大量的农业研究表明，农民教育可以提高农业生产力，增加农民和农业企业对市场的适应能力和对新技术的接受能力。

Van Crowder 等（1998）认为，农业教育除了对农业本身发展有重要作用以外，在社会层面还有助于消除贫困，促使弱势群体加入社区治理和国家的发展潮流中。

1.4.2.3　农民职业培训存在的问题研究

Bennell（1988）指出，他们当时面向农民的培训与农民的实际需要和农业的发展脱节，因此对农民没有吸引力，而造成这一问题的主要原因是缺乏课程评估体系，无法及时收集课后农民对课程的反馈意见。Shiferaw 等（2011）指出，玉米是世界上最重要的粮食作物之一，他们的研究表明改良玉米种子至关重要，但并不足以提高产量和应对气候变化，还需要辅之科学的种植经营技术，而目前国家主导下的农技推广缺乏竞争力，不能满足玉米产业发展需要。Tripp（2005）基于斯里兰卡的案例指出，农民田间学校有助于提高农民的技能并降低杀虫剂的使用量，但是田间学校覆盖农民的数量有限，并且几乎没有证据表明参加培训的农民会将所学技能传递给其他农民。Maguire（2000）则指出，农业大学在促进农民增收就业、提高贫困农户能力方面等作用不明显。

1.4.2.4　农民职业培训的提升对策研究

Wallace（l996）指出，农民培训课程缺乏与实际的联系，因为总是依赖课程设计者的经验，缺乏对实际情况的考虑。他指出解决这一问题需要充分考虑每个课程，使课程内容不断地更新；需要教授农民更多实用技术；农民培训应加入体验学习环节，并保证足够的培训时间、教学资源以及师资力量。此外，他还特别指出需要加强农学院与所在地区的联系，虽然农学院经常进行外出服务，但它们与社区之间并没有建立起稳定且有意义的联系。Deichmann 等（2016）指出，数字技术有助于小农户获取市场信息和农业技术，但目前"数字红利"所产生的积极影响远没有达到预期，亟待加强。Parr 等（2006）指出，高等院校具备培训农民的资源和环境，应该承担农民培训工作。Kumar 等（2014）提出，农业教育对于国家社会和经济的发展都十分重要，但目前无法适应市场和农业技术的发展，因此需要重建农民职业培训体系来改善这一困境，充分发挥联合国等国际组织、政府、农业高校的作用，并积极地向其他国家学习借鉴先进经验。Hamilton（2012）指出，美国的农民培训应该在培训前对对象进行筛选，政府应该与学院联合起来对农民进行培育。

1.4.3　文献评述

以上国内外研究对本研究有一定的借鉴价值，但仍然存在一些不足。

第一，目前缺乏针对高等院校培育新型职业农民的系统研究，现有研究多为对农民培训实践的简单罗列，问题分析不够深入，改进对策缺乏针对性和可行性。而且，大多数关于西北农林科技大学农技推广模式的研究还是聚焦于学校示范站农技推广模式，鲜有学者关注到学校示范站在新型职业农民培育中发挥的作用。西北农林科技大学在培育新型职业农民方面的做法和作用亟须关注，这是本研究的焦点。

第二，现有关于新型职业农民培育的研究缺乏理论支撑。国内研究多从中国农业国情出发或聚焦一些地区论述新型职业农民培育的重要性、方法、问题、对策，并没有与经典的社会学和教育学理论相结合，导致认识问题不够深入，经验推广缺乏普适性。

第三，现有关于新型职业农民培育的研究缺乏一手数据支撑。国内目前研究多利用宏观数据与相关统计材料论述新型职业农民培育的做法、问题、对策，缺乏深入的实地调查，缺乏系统的定性和定量研究。本研究基于课题组开展的问卷调查和深度访谈，获得一手数据和材料，系统分析了西北农林科技大学示范站在培育新型职业农民过程中的具体实践、成效、问题、对策等，体现出较强的科学性和实证性。

1.5　概念界定

1.5.1　新型职业农民

2012年中央一号文件明确提出"大力培育新型职业农民"，把新型职业农民培育纳入解决现代农业人力支撑的系统工程。2013年底召开的中央农村工作会议上，习近平总书记深刻阐述了"谁来种地"的问题，强调要吸引年轻人务农，以培育职业农民为重点，构建职业农民队伍。2016年4月，在安徽小岗村召开的农村改革座谈会上，习近平总书记再次强调要加快构建职业农民队伍，形成一支高素质农业生产经营者队伍。2017年习近平总书记在参加十二届全国人大五次会议四川代表团审议时提出"就地培养爱农业、懂技术、善经营的新型职业农民"。2012年以来，中央先后在 4 个省、21 个市、487 个示范县开展新型职业农民培育试点，探索新型职业农民培育的方法和路径。农业部根据试点经验总结出全国十大职业农民培育典型模式，于 2017 年颁布《"十三五"全国新型职业农民培育发展规划》（杨璐璐，2018）。

新型职业农民在学术界是一个热点问题，我国很多学者对新型职业农民的内涵进行了界定。朱启臻（2013）指出，新型职业农民首先是农民，需要长期居住在农村、具有耕地、从事农业劳动、收入大部分来自农业。此外，新型职业农民区别于传统农民的特点还在于，他们应是市场的主体、具有从事农业的稳定性、富有责任感。梁成艾（2018）则从历史和现实两个角度对职业农民概念的演变进行了阐述，他指出，"职业农民"概念从历史溯源来看，经历了由"佃农"到"准职业农民"再到"兼业农民"的转变，从现代行动来看经历了由职业农民到新型农民再到新型职业农民转变。杨继瑞等（2013）指出，农民在中国是一个社会身份概念，而职业农民应该是在现代农业中出现的一个新职业，同时反映社会和经济属性，并进一步指出职业农民应该是自主选择从事农业，并且充分利用市场以取得利益最大化的理性人。赵帮宏等（2013）将新型职业农民界定为具有一定科学文化素质和农业生产经营能力，在农村从事农业，满足现代农业发展要求的农民。

1.5.2　新型职业农民培育

新型职业农民培育区别于一般的农民培训，是对农民进行系统职业教育，包含报名、资格审查、理论实践学习、考核认定、后续管理等一系列过程，农民只有通过新型职业农民培育后的相关考核认定获得证书，才能正式成为新型职业农民。新型职业农民培育是一个系统工程，应该包含培育对象、培育方式、培育机制、培育政策等要素。

（1）培育对象。 新型职业农民培育一方面应以现有新型农业经营主体的经营者为主要培育对象，另一方面要通过政府政策引导一部分有志于到农村发展的新生代农民工和农业专业领域的大中专毕业生到农村创业就业并扎根农村。

（2）培育方式。 其一，加强农村基础教育和农业职业教育，提高农民农业技能；其二，培养和强化农民的职业理想和信念，有利于新型职业农民的快速成长；其三，土地适度规模经营、集约化和机械化经营是新型职业农民成长的必备条件。

（3）培育机制。 新常态下应以提升新型职业农民就业能力为主要目标，提高新型职业农民的生产经营管理能力、农业生产效率及增收能力，着力构建政策激励机制、自主提升机制（自主学习、职业规划和目标管理）、创业培植机制和创新培养机制（典型示范＋集中培训）。

（4）培育政策。 依据农民发展的现实需求，形成职业农民差异化教育培训、职业农民团队建设、职业农民融资扶持、专业教育与现代农业转型升级。

1.5.3 农技推广

世界上绝大多数国家都在进行农技推广相关工作，但其工作内容和对"推广"概念的理解存在较大差异。例如：英国、德国的农技推广内容主要是农技咨询，推广人员会根据农民需求给予他们中肯的建议；法国的农技推广工作则强调将农业知识转化给普通农民；在西班牙，农技推广等同于农民技术培训。追溯历史，"推广"一词起源于1866年的英国，最早被剑桥大学和牛津大学使用，用来描述大学面向社会进行农业教育；而后农技推广思想被美国借鉴并广泛使用，形成了美国赠地大学"教育、推广、试验"三结合的体制。而在我国历史上，农技推广的思想最早可以追溯到古代的劝农活动。中华人民共和国成立后，我国逐步建立农技推广的体系和制度，并且经历了数次的改革，2013年1月颁布实施的《中华人民共和国农业技术推广法》中将农业技术推广定义为通过试验、示范、培训、指导以及咨询服务等，把农业技术普及应用于农业生产产前、产中、产后全过程的活动。此外，我国学者也纷纷对农技推广的概念进行了界定。张仲威（1996）指出，农技推广的对象应该是农民，而不是技术，我国的农技推广工作中就存在重技术而不重农民的问题，从而导致农民的素质低、能力差，不能很好地接受现代农业技术。李谦（1995）也谈到，农技推广的目标应该是农民行为。高启杰（2012）谈到，现代农业推广是一项为了开发农民人力资源而进行的教育与咨询工作。推广人员通过教育农民，使得他们的知识和技能得到提高，改变传统的观念，自觉地改变行为。

综合已有研究对农技推广概念的界定，本研究认为：农技推广是通过试验、示范、培训、指导以及咨询服务等，把农业技术普及应用于农业生产产前、产中、产后全过程的活动。其目的在于充分开发农民人力资源，提高农民的知识和技能，促使其提高农业生产效率和质量，为乡村振兴和农业现代化发展服务。从本质上来说，农技推广同样具有农民教育的特点，农技推广和农民教育无法分割。

1.5.4　大学农技推广模式

以大学为依托的农技推广，是在国家大力推进科技兴农的背景下，从我国农技推广的现实以及农业现代化的需求出发，借鉴欧美发达国家农技推广经验，拓展我国大学社会服务职能的一种有组织、系统化的活动过程。我国农业大学农技推广模式主要有以下基本特征。其一，在政府推动下，以大学为依托，借助学校科技成果优势和人才优势，围绕区域主导产业发展，建立以下三类平台：大学本部产业基础研究平台、主导产业区的区域示范站和分布在产区的各类科技示范基地（站、点）。其二，以信息咨询服务网络和农业科技培训体系为支撑，培养基层农业技术骨干和示范户作为培训主体，同时吸纳地方涉农企业和农业合作社参与到培训体系中，带动广大农户学习新型农业技术。其三，以实现农业增效、产业升级和农民增收为目标，进行有组织有计划的专业性、系统性、集成性农业科技推广服务。

随着农业科技推广模式改革的不断推进，大学农技推广模式在我国农技推广体系中的作用日益凸显。2012 年发布的中央一号文件明确指出：引导高等学校和科研院所成为公益性农技推广的重要力量。同年 8 月底通过的《全国人民代表大会常务委员会关于修改〈中华人民共和国农业技术推广法〉的决定》进一步要求：农业科研单位和有关学校应当适应农村经济建设发展的需要，开展农业技术开发和推广工作，加快先进技术在农业生产中的普及应用。目前我国以大学为依托的农技推广模式还在不断探索，做法也不尽相同，比较典型的有西北农林科技大学"示范站"、中国农业大学"科技小院"、浙江大学"湖州模式"、河北农业大学"太行山道路"和南京农业大学"百名教授科教兴百村小康工程"等。

1.6　理论依据

1.6.1　非正规教育理论

教育是一种有意识的以影响人的身心发展为直接目标的社会活动，包括专门化的学校教育与在生产劳动和生活过程中进行的非学校教育。非正规教育则是指在正规教育制度以外所进行的、为成人和儿童有选择地提供学习形式的有组织的、系统的活动。这类教育其实就是在学历教育之外有明确的教育者和受教育者的教育，比如成人继续教育、社会培训以及岗位培训等，其教育目标主要在于提升受教育者的能力。

关于成人非正规教育，《教育大辞典》中做出以下定义：成人非正规教育是任何在正规教育体制以外进行的，为成人有选择地提供学习形式的有组织、系统的活动。一般指：①对成人进行的有计划、有组织、有时限并统一安排的教学活动，学习结束后不记学分、不授学位、不发学历证书。②具有教育性质和目的的俱乐部活动、成人读书活动或各种社区教学计划。③学习目的主要是解决局部生产、工作实际需要或丰富社会文化生活。④有的国家把成人教育统称非正规教育。如泰国政府设立的成人教育管理机构为非正规教育管理局（顾明远，1998）。

新型职业农民培育是一种典型的成人非正规教育形式，它是农户在正规教育体制之外，或者说是在自己结束正规教育生涯之后自主选择的一种学习活动。这种培训活动又是有组织、有系统的，它主要是由各级政府组织，依托农广校或其他培训机构开展教育教学活动，给农户传授农业生产知识和技能。对于西北农林科技大学农技推广试验示范站来说，在职业农民培育过程中已经发挥出关键的培育主体的作用。在培育过程中，西北农林科技大学通过定期开展农民培训、专家教授参与理论和实践授课、开展国际交流活动、承办实训参观活动、建立长效机制促进职业农民可持续发展等，提高新型职业农民的综合素质和农业生产技能，促使其在农业生产中改变传统生产观念、接受新技术、新知识并优化自己的生产行为，进而达到增产增收的效果。

1.6.2 教育传播理论

教育传播是由教育者按照一定的目的和要求，选定合适的信息内容，通过有效的媒体通道，把知识、技能、观念、思想等传送给特定的教育对象的一种活动，是教育者与受教育者之间的信息交流活动。体现在过程上，教育传播是教育信息传递与接受的连续与动态的过程，是一种指向特定目标的行动过程，具体包括六个阶段：确定教育信息，选择传播媒体，媒体传递信息，接受和解释信息，评价和反馈，调整和再传递。

教育传播过程的构成要素可以划分为：教育传播者在一定的教育传播环境中，将教育信息进行编码，通过某种媒介传播出去，受播者接收到受噪声干扰的信号，经译码了解教育信息的意义，并产生一定的效果与反馈。因此，教育传播过程就是由教育者、受教育者、教育信息、编码、译码、媒介、反馈、教育环境、噪声以及效果等要素构成的一个连续的、动态的过程（南国农等，2008）。

基于教育传播的概念、过程及其要素，我们可以看出，教育传播理论对西北农林科技大学农技推广培育新型职业农民的过程具有理论指导意义。西北农林科技大学农技推广试验示范站作为教育培训知识的传播主体，将农业技术理论知识、操作技能等作为信息内容，通过农技推广人员、专家教师等媒介采用适合的传播方式，有效传递给职业农民，以达到提升职业农民知识技术水平、生产观念等的培训目的。因此，教育传播理论能够为本研究分析西北农林科技大学示范站培育新型职业农民提供有效的指导和借鉴。

1.6.3　社会网络理论

社会网络是指特定一个群体之间的所有正式与非正式的社会关系，既包括人与人之间直接建立的社会关系，又包括通过环境、文化的传播、知识的共享而形成的间接的社会关系（奇达夫，2007）。

社会网络的概念源于社会资本的相关研究，强调社会网络是一种社会资本的内在表现形式。在社会资本理论研究中，最早提出社会网络的是Jacobs（1961），他通过分析"邻里关系网络"对城市社区的社会资本进行了研究，这种将社会网络作为社会资本的研究方法对后来的研究产生了深远的影响，至今仍是社会资本研究的主要方法之一。之后国外学者对社会网络理论的内涵进行了系列研究，Bourdieu（1986）将社会网络与社会资本结合起来，认为社会资本是通过网络作用形成的社会资源。之后，Coleman（1990）对社会资本进行了更广泛的定义，他指出，社会资本同物质资本和人力资本一样具有生产性，不仅可以增加个人利益，而且是进行集体行动、完成集体目标的重要生产性资源。此外，他还首次提出了社会网络是社会资本的一种表现形式，个人或集体可以通过社会网络获取信息，从而达到增加个人或集体利益的目的。Putnam（1993）进一步将社会资本定义为"能够通过协调的行动来提高经济效率的社会网络、信任和规范"，认为社会资本是由社会网络、信任和规范组成的。社会网络作为社会资本的一项重要表现形式，具有一般资本或资源的属性，是个体之间或者群体之间互动所形成的相对稳定的关联体系，个体或群体拥有的社会资源的数量也直接决定了他们社会网络的大小和规模。

在此基础上，19 世纪 70 年代后一些社会学领域的学者开始用一种新视角对社会网络进行研究，从网络结构的角度分析网络规模和强度的影响因素（郭云南等，2015）。其中，具有代表性的有 Granovetter 提出的"弱关系的力量"和 Burt 提出的"结构洞"理论。本研究主要运用"弱关系的力量"和"结构洞"两个理论，对西北农林科技大学示范站的农技推广模式进行分析，认为由于文化水平、社会地位等方面的差异，农业专家教授与广大农户之间存在着"结构洞"，二者难以建立直接联系。而西北农林科技大学通过建立"示范站专家＋地方农技人员＋乡土专家＋示范户"的农技推广模式，基层农技人员、乡土专家、示范户成为链接农业专家和广大农户的桥梁，有效解决了农技推广"最后一公里"的问题，本研究的第 3 章对此进行了详细的论证。

1.6.4 终身教育理论

法国著名教育家保罗·朗格朗在 1965 年联合国教科文组织主持召开的成人教育促进国际会议上首次提出了终身教育的理念，他指出终身教育不是一个实体，而是一种理念或原则。而后朗格朗（1988）在《终身教育导论》一书中进一步强调，终身教育并不是简单地在传统教育的形态上添加一个新名词，也不完全等同于大众教育、成人教育，而是一个更广泛的概念，是对它们的一种超越和升华。其含义主要包含两个层面：第一，每个人都会为达成自己一个又一个的人生目标而不断提升自己，同时社会的飞速发展也不断向每个人提出新要求，因此未来的教育不再是学习者在特定阶段在某个学校进行学习，在学校毕业之后就意味着接受教育的结束，而应是在人的一生中持续进行；第二，现在的教育以学校为中心，是封闭的、僵硬的，未来的教育则应对整个社会的全部教育和培训机构或渠道加以整合，使人们可以在其所处的所有部门，都能根据自身所需获得接受教育的机会。联合国教科文组织研究员 R. H. 戴维认为，终身教育应该是个人在各个人生阶段或生活领域，以提升自身素质和自身生活水平为目的接受的全部正规的、非正规的以及非正式教育的总和，是一个综合和统一的理念（吴遵民，1999）。意大利学者埃特里·捷尔比（1983）认为，终身教育应该是学校正规教育和毕业以后非正规教育及培训的统合，而且也是所有群体，包括儿童、青年、成人，为了在社区生活中获得最大限度的教育而构成的以教育政策为中心的体系。他还表示，终身教育不仅"以达成作为本质的个人的自主性或文化的自律性为目的"，同时也是社会的、政治的等诸多过程中的一部分。富尔等在《学会生存》中谈到，终身教育包括教育的一切方面，由其中的每一件事构成，并且能发挥的作用也是整体大于部分的总和。世界上没有不属于终身教育范畴内的教育，换句话说，终身教育不是一个教育体系，而是建立一个体系所根据的原则，并且这个原则贯穿在这个体系每个发展和运行过程中（联合国教科文组织，1996）。日本学者持田荣一等针对终身教育的定义提出，终身教育是教育权的终身保障，是专业和教养的统一，是不再产生未来文盲的途径（高志敏，2003）。

　　本研究在第 3 章中，主要运用终身教育理论来分析西北农林科技大学示范站培育新型职业农民的具体实践。职业农民在结业之后，仍然会在生产中遇到各种新问题，因此应该建立终身教育体系，不断对职业农民进行培训。试验站通过定期组织专门培训、在农业生产的关键环节给予技术指导、与职业农民结对帮扶、遇到突发情况及时进行指导等方式，建立了持续培育机制，对新型职业农民开展终身性质的教育。

1.7　研究内容

　　本研究围绕示范站培育新型职业农民的相关问题展开论述，具体内容如下。

　　第一，理论基础研究。首先，对本研究涉及的新型职业农民、新型职业农民培育、农技推广、农技推广示范站四个概念进行解释；其次，分别对本研究涉及的四个理论——非正规教育理论、教育传播理论、社会网络理论、终身教育理论进行论述。

第二，西北农林科技大学示范站建设和发展背景。这部分系统分析"西北农林科技大学农技推广模式"的内涵和基本框架，以及该校示范站的发展历程，并着重介绍了眉县猕猴桃、白水苹果和阎良甜瓜三所示范站的建站背景。

第三，西北农林科技大学示范站培育新型职业农民的优势分析。这部分主要分析西北农林科技大学示范站在培育新型职业农民上具有的区位、人才、平台，以及独特的农技推广模式的优势。

第四，西北农林科技大学示范站培育新型职业农民的途径研究。基于实地调查获得的资料，总结凝练了五项培育途径，分别为：长期开展农业技术服务工作，西北农林科技大学教师参与理论和实践教学，示范站承担实训参观环节，组织多种形式的国际交流活动，建立持续培育机制，开展终身教育。

第五，西北农林科技大学示范站培育新型职业农民取得的成效分析。分别从引领地方农业主导产业快速发展、提高新型职业农民的人力资本水平、农民收入大幅增长三个方面，结合调研获得的访谈资料和问卷数据进行了系统论述。

第六，农技推广示范站培育新型职业农民存在问题及改进对策分析。我国新型职业农民培育刚刚起步，西北农林科技大学示范站培育新型职业农民的模式尚处于探索阶段，在实践过程中不可避免地存在一些问题。本部分对目前发现的问题进行了分析，并针对性地提出了改进对策。

1.8 研究方法

本研究使用的研究方法主要是文献研究法和实地调研法。

第一，文献研究法。本研究主要通过"知网"等网络数据库检索并仔细阅读新型职业农民培育、西北农林科技大学示范站、农技推广等与本研究相关的文献。首先，对文献进行了归纳总结，学习了前人的研究思路和内容，也发现了目前存在的一些不足，使本研究可以在前人的基础上进行进一步的探索。其次，在寻求本研究的理论支撑时，我们仔细阅读了社会学、教育学领域的文献，并最终发现社会网络理论和终身教育理论十分契合本研究的观点，可以为本研究提供理论支撑。

第二，实地调研法。本研究是对西北农林科技大学示范站培育新型职业农民相关问题的研究，因此选取了西北农林科技大学眉县猕猴桃、白水苹果、阎良甜瓜示范站作为调研地，进行了深入的入户访谈、问卷调查，收集了大量支撑本研究的问卷数据和访谈材料；在调研中还对地方农技中心、农广校以及示范站等单位的工作人员进行了深入访谈，同时获得了产业和示范站发展现状等方面的相关介绍与统计数据。

1.9　研究的创新点

第一，研究内容创新。从国内新型职业农民培育相关文献可以看出：首先，新型职业农民是一个热点问题，尤其在乡村振兴战略提出之后，研究范围也日益广泛，但尚缺少高等院校参与新型职业农民培育的系统研究。其次，关于西北农林科技大学示范站方面的研究，多集中于讨论示范站在科学研究和农技推广方面功能和作用，鲜有学者关注示范站参与新型职业农民培育的相关问题。最后，国内缺乏微观视角下的新型职业农民培育的系统研究，本研究以微观视角聚焦西北农林科技大学示范站，通过深入的实地调研获得了大量的一手数据，有效支撑了本研究的观点。因此，本研究弥补了这三方面的缺失，是一种研究内容的创新。

第二，理论视角创新。本研究以西北农林科技大学眉县猕猴桃、白水苹果、阎良甜瓜示范站为例，分别运用非正规教育理论、教育传播理论、社会网络理论和终身教育理论，分析了西北农林科技大学示范站农技推广模式的运行机制和培育新型职业农民的主要做法，丰富了新型职业农民培育和农技推广的理论内涵，是一种理论视角的创新。

第2章 | 农技推广示范站建设和发展状况

传统农业科技推广体系是在早期计划经济下建立的，在社会主义经济市场化以及经济贸易全球化的今天，原有的推广体系已显现出种种弊端，已不适应于现阶段我国对农业发展的要求。近年来，国内涉农高校对大学主导型的农业技术推广模式进行积极探索，取得了一定的成果，比如西北农林科技大学与陕西省宝鸡市政府合作探索的"农业专家大院"模式、西北农林科技大学的"示范站"模式、东北农业大学的"农业专家在线"模式、河北农业大学的"太行山道路"模式以及南京农业大学的"农业科技大篷车"模式，这些模式均为推动当地农业和农村经济发展做出了巨大贡献。

1999 年，我国政府联合 2 所大学以及 5 所科研单位，共同组建西北农林科技大学，其根本目的是为了解决干旱半干旱地区农业发展的问题。我国西部旱区"三农"问题尤为突出，但我国现行农业科技推广体制不适应西北地区农业发展需要。在此背景下，自 2005 年起，西北农林科技大学依托学校科技人才资源优势，在产业中心区建设试验示范站，用于开展科学研究、农业技术试验、示范等工作，助力地方农业发展。依托学校建立的每个示范站具备科研、示范推广、人才培养、国内外交流"四位一体"功能，由此形成了"大学→试验示范站（基地）→基层科技骨干→科技示范户→农户"的西北农林科技大学农技推广模式。该模式以试验站和农业产业基地为桥梁和纽带，通过促使大学科技专家和基层农技推广力量有机结合、建立核心示范园并指导涉农公司或示范户建设一批示范园、结合农时开展各级各类科技培训等方式，培养基层农业技术骨干，辐射带动农户，实现新科技成果的示范推广。自示范站创建以来，西北农林科技大学走出了一条发挥大学科技人才优势、加速农业科技成果转化、服务区域经济社会发展的新路子，赢得社会广泛赞誉。2012 年 7 月 11 日，该校新农村发展研究院成立，国务院副总理刘延东亲自为其授牌，并倡导将示范站农技推广模式推向全国。

　　本研究选取眉县猕猴桃示范站、白水苹果示范站和阎良甜瓜示范站三个第一批成立的示范站作为研究案例。它们均成立于当地主导产业发展的瓶颈期，建成的这十余年间，有效解决了产业发展的遗留问题，并持续推动产业高质量发展。因此，在讨论示范站培育新型职业农民的相关问题之前，分析西北农林科技大学示范站农技推广模式的内涵，系统回顾示范站的发展历程并着重阐述本研究选取的三个示范站的建站背景十分必要，有助于更全面地了解西北农林科技大学示范站及其取得的成效，为后文打下基础。

2.1　西北农林科技大学"示范站"模式的内涵和基本框架

　　西北农林科技大学"示范站"模式是在新时期发展现代农业的背景下，履行国家赋予大学的"三项职能"，发挥大学的科技、人才和信息优势服务于区域主导产业的一种新型农业技术推广模式。这种模式是多元化农业技术推广体系发展的必然要求，也是国家农业科技推广体系建设和完善的一个重要补充。

　　西北农林科技大学以示范站为依托的农业技术推广模式，其基本内涵是：在政府推动下，以大学科技为支撑，以示范站为依托，以基层农技力量为骨干，围绕区域主导产业发展，通过发挥示范站的旗舰作用，为实现农业增效、产业升级和农民增收的目标，进行有组织有计划的区域化、专业性、系统性、集成性农业科技推广服务的制度化模式。该模式的着眼点是能够直接影响和带动区域农业产业发展和农村经济繁荣；核心点是在区域主导产业的中心地带建立科学试验示范站；关注的重点是区域性主导产业发展中存在的重大关键问题和技术难题；创新点在于大学本部＋示范站＋基层农技力量，使科技创新研发源与科技推广主体有机结合，有效解决推广主体与科技创新主体"两张皮"的问题，建立现代农业科技与农业重大产业对接的"新干线"和快捷通道。

　　以示范站为依托的大学农业科技推广模式的基本构架是：国家的政策、方针和法规引导模式构架的方向，是支撑模式构架的软环境；大学本部是模式整体规划和设计的主体，也是研究积累和科技创新的源泉；区域主导产业示范站是大学开展农业科技推广的依托，是服务地方产业的窗口，是产学研紧密结合的平台；通过示范站以及大学本部，开展的各类科技信息服务咨询以及各类培训、教育是大学开展农业技术推广的两个主要途径，形成大学推广的两翼；经费保障以及体制机制建设是确保以示范站为依托的大学农业科技推广模式持续发展、良性运转的条件。

2.2　示范站的发展历程

西北农林科技大学示范站发展至今大致历经了两个阶段。

第一阶段为 2005—2007 年示范站创建阶段。西北农林科技大学在财政部、陕西省政府大力支持下，依托学校拥有的农业科技优势，在陕西省六市六县两区的主导产业区建立了第一批 9 个集产、学、研和国际交流"四位一体"试验示范站，包括白水苹果示范站、清涧红枣示范站、眉县猕猴桃示范站、阎良甜瓜示范站、阎良蔬菜示范站、西乡茶叶示范站、山阳核桃示范站、安康水产示范站和合阳葡萄示范站。第一批示范站由学校全面投资建设，每个站都有学校科研、推广教师组成的一支稳定的多学科科研推广队伍长期驻站开展科技试验及推广工作（申秀霞，2016）。

第二阶段为 2011 年至今的发展壮大阶段。经过第一阶段的发展，一些地方政府看到了示范站为当地主导产业发展带来的巨大经济效益，开始积极与学校合作，共同建设示范站，即校地共建阶段。西北农林科技大学启动实施了示范站"校地共建共管"新机制，使示范站由过去"以学校为主体投资建设和运行管理"模式逐步转为"地方为主、学校共同投资、校地共建共管"的新模式。在这一阶段，示范站的建设速度也不断加快，陆续在陕西、甘肃、青海、河南、新疆五省（自治区）启动建立了千阳苹果示范站、庆城苹果示范站、铜川果树示范站等 18 个示范站。

在第二阶段，第一批建设的示范站也调整为按校地合作机制实行共建。这种新的建站机制，由学校和地方政府每年为示范站提供一定的运行经费，并分别选派科技人员参加示范推广工作；地方政府为示范站提供一定规模的土地让其免费长期使用，并负责示范站综合大楼建设和基本设施保障。学校则派出多学科专家与地方农技推广人员组建农技推广团队，开展试验示范、科技推广工作。这种新的机制克服了学校经费和推广人员不足的问题，加强了学校推广人员与地方农技骨干的联系，进一步明确了示范站为地方产业经济发展服务的宗旨，提高了地方政府对示范站的重视程度和支持力度，有利于科技推广工作的开展。例如，2013 年 5 月，西北农林科技大学同渭南市人民政府签订合作共建协议，学校和渭南市政府为白水苹果示范站、合阳葡萄示范站和富平现代农业综合示范站分别提供 50 万元、30 万元和 20 万元的经费支持。当地县政府分别提供 30 万元、20 万元和 30 万元的资金，并无偿提供土地。2015 年出台的《渭南市支持西北农林科技大学试验示范站（基地）建设实施意见》中，设置科技、农业财政专项资金，为渭南市内的四个试验示范站（基地）每年分别给予 100 万元的资金支持。同时，陕西省政府也为试验示范站提供持续性的财政支持，2017 年 12 月陕西省政府颁布的《陕西省人民政府办公厅关于支持实体经济发展若干财税措施的意见》指出，省财政对西北农林科技大学在陕西省内新建的试验示范站，每个示范站一次性补助 100 万元。《陕西省科技厅支持建设县域科技创新试验示范站的实施意见》提出，到 2020 年，全省建成 50 个示范站，形成一批政策先行、机制创新、市场活跃的示范站，并基本覆盖陕西省的主要农业产区。在国家层面，财政部也设立了大学农业推广模式专项资金，为试验示范站的运营和发展提供资金保障（南利菲，2018）。

截至 2019 年，西北农林科技大学在陕西、甘肃、青海、新疆、河南五省（自治区）建立了小麦、玉米、苹果、猕猴桃等 27 个试验示范站（表 2-1），构建了立足陕西、面向西北、辐射全国的试验示范站体系，推动了区域农业主导产业的升级发展和当地农民群众致富，同时也促进了学校自身科研创新能力的提高。近十年来，西北农林科技大学各试验示范站（基地）聚集多学科专家 200 多人，结合产业发展问题和需要，开展试验研究 150 多项，申报争取各类科技项目 80 余项，经费 2 400 多万元，引进国内外品种 886 个，先后选育审定良种 27 个，发表论文 495 篇，出版著作 21 部，取得国家专利 8 项，获得省级成果奖 13 项（王学峰，2017）。

表 2‑1　西北农林科技大学试验示范站（基地）一览表

序号	试验示范站名称	启动建设年度	试验示范站地点*	首席专家（负责人）
1	白水苹果试验示范站	2005—2010	白水县杜康镇通积村	赵政阳
2	清涧红枣试验示范站	2005—2010	清涧县宽州镇牛家湾村	李新岗
3	眉县猕猴桃试验示范站	2005—2010	眉县青化乡西寨村	刘占德
4	西乡茶叶试验示范站	2005—2010	西乡县沙河镇枣园村	肖斌
5	安康水产试验示范站	2005—2010	安康市汉滨区恒口镇	吉红
6	阎良甜瓜试验示范站	2005—2010	西安市阎良区关山镇代家村	杜军志
7	阎良蔬菜试验示范站	2005—2010	西安市阎良区五屯镇西相村	张树学
8	山阳核桃试验示范站	2005—2010	山阳县十里乡任家村	翟梅枝
9	合阳葡萄试验示范站	2005—2010	合阳县坊镇北渤海村	李华
10	斗口小麦玉米试验示范站	2011—2015	泾阳县云阳镇斗口村	廖允成
11	青海乐都设施农业试验示范站	2011—2015	青海省海东市乐都区雨润镇	邹志荣
12	甘肃庆城苹果试验示范站	2011—2015	庆城县南庄乡	赵政阳
13	延安洛川苹果试验示范站	2011—2015	洛川县凤栖镇桥西村	马锋旺
14	宝鸡千阳苹果试验示范站	2011—2015	千阳县南寨镇南寨村	李丙智
15	凤县花椒试验示范站	2011—2015	凤县凤州镇白石铺村	魏安智
16	镇安板栗试验示范站	2011—2015	镇安县永乐镇典史村	吕平会
17	安康北亚热带果树验示范站	2011—2015	安康市汉滨区关庙镇吴台村	鲁周民
18	铜川果树试验示范站	2011—2015	铜川市耀州区小丘镇移寨村	蔡宇良
19	河南荥阳小麦试验示范站	2013—2017	河南省荥阳市广武镇白寨村	王辉
20	榆林马铃薯试验示范站	2013—2017	榆林市榆阳区牛家梁镇榆卜界村	陈勤
21	富平现代农业综合试验示范站	2013—2017	富平县淡村镇石桥村	同延安
22	榆林玉米试验示范站	2015—2017	榆林市榆阳区牛家梁镇榆卜界村	薛吉全
23	新疆昌吉现代农业试验示范站	2013—2017	新疆维吾尔自治区昌吉市滨湖镇五十户村	李新岗 杜军志
24	河南南阳小麦试验示范站	2015—2017	河南省南阳市农业科学院	王成社
25	榆林小杂粮试验示范站	2016—2017	榆林市农业科学院	冯佰利
26	泾阳蔬菜试验示范站	2016—2017	泾阳县云阳镇	赵尊练
27	西安都市农业试验示范站	2017—2018	西安市长安区子午镇	王增信

资料来源：西北农林科技大学微信公众号，https：//mp. weixin. qq. com/s/AlKichaIdk5RT5k8WYakdA。

*此列未标注省份名的，均为陕西省。

2.3　眉县猕猴桃试验示范站的建站背景

唐代大诗人岑参在《太白东溪张老舍即事，寄舍弟侄等》诗篇中写到："渭上秋雨过，北风何骚骚。天晴诸山出，太白峰最高。主人东溪老，两耳生长毫。远近知百岁，子孙皆二毛。中庭井阑上，一架猕猴桃。石泉饭香粳，酒瓮开新槽。爱兹田中趣，始悟世上劳。我行有胜事，书此寄尔曹。"其中提到的"渭上""太白"都在眉县，"中庭井阑上，一架猕猴桃"，足见 1 200 多年前的眉县就有猕猴桃栽培。眉县位于秦岭太白山脉附近，辖区内有渭河流经，具有土壤肥沃、水分充沛等区位条件。新中国成立以后，结合眉县独特的地理优势，20 世纪 50 年代苏联专家提出了发展苹果产业的建议，由此，眉县优先发展了苹果产业。1956 年，眉县政府重视科技力量对果树种植业的重要作用，成立了眉县园艺站即眉县果业中心的前身。1958 年，眉县加大对苹果产业发展的投入力度，提出了具有建设意义的苹果种植计划——"十万亩花果山"*。同时眉县政府注意到专业性人才对苹果产业发展的促进作用，成立了园艺学校为眉县果业发展提供专门性人才。1959 年，眉县青化乡（今横渠镇）西寨村建立了陕西省果树研究所，为眉县果业的发展提供了强大的技术支持。至 20 世纪 80 年代，眉县苹果产业发展态势良好，苹果种植面积高达十万余亩。其中，"矮化苹果园"项目取得良好效果，获得国家级奖项"星火计划"四等奖。

虽然眉县苹果产业取得了长足进步，但是由于地理环境、气候等一系列因素，眉县并不是苹果种植的优生区，仅仅为次生区，其苹果产业的种植规模和产品质量相比渭北、洛川地区不具有比较优势。至 20 世纪 90 年代，眉县的苹果产业受到了渭北地区苹果产业的强烈冲击，随着"洛川苹果"品牌在全国范围内知名度提高，眉县苹果销量下降。为了应对洛川苹果的冲击，重振眉县苹果产业，眉县政府做出了诸多努力。例如，组织科研人员出国考察澳大利亚的高酸苹果，对眉县苹果产业提出调整意见；发动专业性科技人员下乡驻村，帮助农民解决苹果产业发展中出现的问题。

---

* 亩为非法定计量单位。1 亩≈667 米^2。

但上述诸多努力没有从根本上改变眉县苹果产业的劣势，农民收入受到很大影响进而不得不放弃苹果产业。面对苹果产业发展的瓶颈，眉县政府及时调整思路，选派果业技术人员赴国内外考察，最终决定转换产业类型，发展猕猴桃产业。

眉县具有种植猕猴桃的优势区位条件。从地形地势看，眉县位于秦岭的主峰太白山脉脚下，且位于秦岭北麓的冲积扇平原，土壤肥沃，地势平坦，土层深厚；从气候条件看，眉县气候温和，降水充沛，光照条件好，灌溉水源充足；从社会条件看，眉县有丰富的果树种植经验。因此，在眉县种植猕猴桃是不二之选。1988 年，眉县从陕西省果树研究所第一次引进猕猴桃幼苗，并建立示范园区。1989 年，眉县对猕猴桃进行了第一次全县范围的推广，建立起试验园区三百余亩。重点在横渠镇文谢村和青化村、金渠镇下第二坡村和年家庄村、营头镇营头村、齐镇下西铭村、小法仪王母宫村以及二郎沟村种植"秦美"猕猴桃。1990 年 9 月，眉县被农业部确立为全国猕猴桃生产基地，肯定了眉县猕猴桃产业的发展成效，也提升了全县果农种植猕猴桃的积极性。但随着猕猴桃销售量和销售市场的扩大，眉县猕猴桃发展又面临一些新问题。例如，猕猴桃品质一般、品种单调、配套生产技术和果树修剪技术缺乏等一系列问题。面对这些问题，眉县技术人员开始向西北农林科技大学的专家寻求技术指导，在校县双方推动下，西北农林科技大学与眉县政府签订了"眉县猕猴桃产业化科技示范与科技入户工程"协议，并于 2005 年开始筹建眉县猕猴桃示范站，于2006 年投入运营。目前"校县合作"已经进入成熟发展期。在这十余年里，西北农林科技大学示范站对眉县猕猴桃产业的发展做出了巨大贡献。

2.4 白水苹果试验示范站的建站背景

白水县有着悠久的苹果栽培历史。明崇祯年间，朝廷驻河南开封特使就已将白水苹果推广到中原大地。据《开封地方志》记载，这时的白水苹果已作为贡品，上奉朝廷。明朝末年，李自成率大军高举义旗进军北京，途经白水。义军一路择果为食，当李闯王品尝到刘忠敏从白水采摘的苹果时，赞其"食若甘霖、甜若蜂蜜"，赐封白水苹果为"天果"，从此"天果"美名闻名于世。清雍正年间，白水人陈善成任山东巡抚，将白水苹果传入晋、鲁、江、浙一带。据清乾隆十九年所编《白水县志·梁志》记载："苹果，花红如柰，实似红果微平，熟时半红半白，光洁可爱。"

直至 20 世纪 80 年代中后期，白水县农民逐步开始大面积种植苹果，家家户户都建起了果园。几年之后，这批果园开始大面积挂果。白水县主栽的富士和秦冠在苹果市场上很受欢迎，在当时国内苹果市场供不应求的态势下，当地果农经济收益十分可观，白水苹果种植面积也得到进一步扩大。到 2005 年左右，由于白水苹果果树大多是 20 世纪 90 年代嫁接的老品种，进入衰退老化期后普遍发生早期落叶病和果树腐烂病。这导致白水苹果产业出现衰退，苹果产量和质量急剧下滑，再加上当时整个苹果市场行情低迷，苹果售价过低，出现了大量挖树现象，整个白水苹果产业面临消亡风险。恰在这一时期，西北农林科技大学实施产学研一体化发展战略，尝试在陕西省各个优势农业产区建设试验示范站来推广农业科技，支撑当地主导型农业产业的发展。经过西北农林科技大学调研队伍的实地考察和与白水县政府的沟通协调，双方就西北农林科技大学白水苹果示范站的建设事宜达成一致，由白水县政府提供原国有农场土地供示范站选址建设。在建站初期，原国有农场中的 100 多亩苹果园，由于长期疏于管理，出现了树龄老化、病虫害严重、产量低下等诸多问题。首批入驻的示范站专家在经过实地考察后，决定将这 100 亩老果园进行改造，将其作为示范站的主体。至此，白水县的老苹果园改造工作于 2005 年拉开帷幕。"刚到白水建站时，白水果业正处于苦苦挣扎阶段，受困于果树早期落叶病和腐烂病，果农们对种苹果失去了信心，纷纷挖树改种其他作物。"白水苹果示范站首席专家赵政阳谈到。

2.5　阎良甜瓜试验示范站的建站背景

阎良甜瓜历史悠久，《诗经》中就有"绵绵瓜瓞，民之初生，自土沮漆"的诗句。"沮漆"是阎良的母亲河石川河；"绵绵瓜瓞"，则为祝福子孙繁荣昌盛之意。新中国成立后，据《阎良区志》记载：自 20 世纪 50 年代，阎良区关山镇、武屯镇一带就有零星甜瓜地，种植面积在 300 亩左右，品种有白兔娃、六楞脆等。20 世纪 60—70 年代公社化时期，甜瓜种植规模有所扩大，生产队的经济收入主要来源于种植西瓜和甜瓜，品种有羊角蜜、108 等。20 世纪 80 年代以后，随着家庭联产承包责任制的施行，商品经济的发展，阎良甜瓜种植面积迅速扩大。至 20 世纪 90 年代初，随着棉瓜套种技术的广泛推广应用，阎良甜瓜种植面积已发展到 2 万余亩，主栽品种为"北京梨"。1999 年，经现在的阎良甜瓜示范站杜军志研究员推荐，阎良成功引进了西农早蜜 1 号厚皮甜瓜新品种。该品种因早熟、品质优、口感好、外形美观、商品性好、皮厚耐贮运等优势，受到市场和广大瓜农的欢迎。此后，在阎良区政府的大力支持下，阎良甜瓜种植规模不断扩大，种植效益连年攀升。2005 年，其种植面积已达到 2.5 万亩以上。但随着甜瓜种植面积迅速扩大，种植户之间开始出现竞争。有些人为了抢早上市，放弃标准化栽培技术，采用高温催熟甚至用药剂催熟；还有的种植户在甜瓜六七成熟时就采摘上市。因此，甜瓜市场上很快出现负面反应，每亩甜瓜收入降至 3 000 多元，甜瓜产业面临生存危机。

为支撑阎良甜瓜产业健康发展，西北农林科技大学于 2006 年在阎良区关山镇正式挂牌成立阎良甜瓜试验示范站。除聘任杜军志为首席专家外，学校还选聘王鸣等多位知名专家组成顾问组，同时选聘植物保护、植物营养、设施栽培、推广等领域的科技专家长期驻站，共同推动阎良甜瓜产业转型升级。阎良甜瓜示范站首席专家杜军志谈到："1999 年刚开春，我带着自己培育改良的西农早蜜 1 号来到阎良时，当地农民种植甜瓜成本高、价格低，基本没有效益。我指导农户种了两亩试验田，栽种上了新的甜瓜品种，并采用了高垄地膜全程覆盖爬地栽培新技术。一季下来，两亩试验甜瓜坐果多、糖度高、产量高，每亩收益达到了 7 500 元，两亩地收入 1.5 万元。而当时普通农民种植一亩甜瓜的收益只有一两千元。这在当地引起了轰动，农民从来没想过种甜瓜能有这样高的收益，在口耳相传之间，他们纷纷找到我，希望我将种植甜瓜的品种和技术传授给他们。但我并没有因此劝说农户盲目地扩大种植规模，我认为推广需要循序渐进，不能急于追求推广面积，而且我一个人的力量比较单薄，后来老校长孙武学知晓了这一情况，就组织建立了阎良甜瓜示范站。"

第3章 | 农技推广示范站培育新型职业农民的优势

3.1 区位优势

西北农林科技大学示范站扎根于农业生产第一线，建立在区域主导产业的最适宜生产区，具有天然的区位优势。具体来说，一方面，农业生产与工业生产的最大区别在于农业首先是一个自然再生过程，受当地自然资源诸如气候、海拔、土壤、雨水、光热等条件的影响和制约，不同地理区域生产的同一种农产品自然品质往往差异很大。把为主导产业服务的示范站建在生产自然条件最好的区域，把农产品与生俱来的天然竞争力放在第一位，以质取胜，发挥市场品牌效应，就会放大产业优势。另一方面，主导产业在当地有较大的种植规模，有相当数量的农民从事主导产业。示范站扎根于生产一线，打破了地域限制，可以直接服务于地方主导产业，开展新型职业培育工作，为地方农业发展提供技术支持。

西北农林科技大学猕猴桃示范站位于陕西省眉县，气候温和、雨量适中、土层深厚肥沃，是猕猴桃的最佳优生区之一。在土壤地貌方面，眉县南依秦岭，北跨渭河，地势南高北低，海拔 442～3 224.4 米，全县呈现"七河九原一面坡，六山一水三分田"的错综复杂地形地貌特征。眉县猕猴桃生态区土壤类型主要为娄土、褐土和棕壤，分别分布在海拔 800 米以内、800～1 200 米、1 200～2 500 米的区域；土壤 pH 6.5～7.5；通气透水性良好，保水保肥性能及耕性良好；0～20 厘米耕层中养分平均含量为有机质 1.69%，速效氮 23.21 毫克/千克，有效磷 50.2 毫克/千克，速效钾 388.8 毫克/千克，有效铁 5.41 微克/毫升。在水文情况方面，眉县有大小河流 19 条，其中有较大河流 5 条，均属黄河流域渭河水系一二级支流。渭河支流石头河、干沟河、霸王河、汤峪河、东沙河、西沙河等均发源于秦岭，由南向北流入渭河；境内有库容 1.2 亿米³ 的石头河水库能够常年为该县提供充足的灌溉水源。境内河流总长度 132.99 公里，总径流量 2.448 亿米³，总蓄水量 4.43 亿米³。地下水和地表水水质良好、矿化度一般在 240 毫克/升左右，pH 6.5～7.5，是猕猴桃理想生产灌溉用水。在气候情况方面，眉县属于大陆性季风半湿润气候，四季冷暖干湿分明，年平均日照时数 2 087.9 小时，年平均气温 12.9℃，极端最高气温 38℃，极端最低气温−17.2℃，大于 0℃的积温 4 790℃，平均年降水量 589 毫米，无霜期 218 天。气候条件适宜猕猴桃生长，发展绿色无公害猕猴桃具有自然条件优势。*

苹果示范站位于陕西省白水县。白水县是国内外专家公认的苹果最佳优生区之一，素有"中国苹果之乡"的美誉。在土壤地貌方面，白水县地处渭北高原沟壑区。诸多科研成果证明，海拔在 800～1 200 米地带适宜苹果生长发育，特别在果实品质、色泽等方面表现更为突出。白水县海拔高度在 900～1 100 米，是发展苹果的优生区。苹果生长发育以向阳缓坡地形为优，白水的地势自西北向东南倾斜，呈台阶式缓坡状，且多为向阳缓坡，阳光充足、季风流畅、温暖适宜，极有利于果树对光能、热能的吸收和利用，有益于果树的生长和发育、品质和产量的提高。白水县土层深厚，矿物质丰富，有利于接纳贮存雨水和养分，满足苹果树生长期间对养分的要求。气候方面，白水县属温带大陆性气候，雨热同季、无霜期长、光照充足、昼夜温差大，与日本富士苹果产区基本处于同一纬度线；气候条件完全符合苹果生长的指标要求，年均气温 11.4℃，苹果生长季昼夜温差 8～12℃，夏季平均气温 23.7℃，冬季极端最低气温−16.7℃，夏季平均最低气温 18.3℃，年均降水量 577.8 毫米，无霜期 217 天，年日照时数 2 397.3～2 641.2 小时。

甜瓜示范站所在地西安市阎良区享有"中国第一甜瓜基地"的美誉。土壤地貌方面，阎良甜瓜生产区域位于关中平原中部偏北，地处渭北平原腹地，北高南低，呈梯状降低趋势，整体为黄土台塬形态。生产区域土地肥沃，土壤以黄河淤积土为主，土层深厚疏松，有机质含量较高（平均值为 2.28%），pH 7.8，偏碱性，是典型的瓜果优生区。水文情况方面，阎良区水资源丰富，主要有石川河和清河两条河流贯穿境内。境内河流总长

---

* 参见：全国农产品地理标志查询系统，眉县猕猴桃，http://www.anluyun.com/Home/Product/26249。

度 18.8 公里，流域面积 15.2 公顷。阎良甜瓜生产基地均以机井管网灌溉，生产区域内现有 150 米以上深机井 370 余眼，可满足农田灌溉需要。生产区域周围无金属或非金属矿区和污染源。根据国家农业行业标准《农用水源环境质量监测技术规范》（NY/T396—2000）判定，阎良甜瓜种植范围水质的综合污染指数为一级，属清洁水平，适宜生产优质甜瓜产品。在气候情况方面，阎良甜瓜生产区域属温带半湿润半干旱大陆季风气候，年均气温 13.6℃，降水量 537.5 毫米，日照 2 026.8 小时，全年无霜期 215 天，四季分明，气候温和，特别是春夏季节，光照充足，温差鲜明，非常适合甜瓜生产。*

3.2　人才与技术优势

西北农林科技大学示范站可以为新型职业农民培育提供优秀师资和先进技术支持，在这两方面示范站具有显著优势。

在人才方面，每个示范站都组建配备了首席专家领衔的多学科专家团队。各示范站均配备有由首席专家领衔，另有固定驻站专家、流动科研人员以及地方农技力量共同组成的科技队伍。他们熟悉农民、熟悉生产过程、熟悉产业发展历史和现状，能够及时捕捉和解决生产中的技术难题，有强烈的事业心和社会责任感。这些理论知识扎实、实践经验丰富的专家正是职业农民培育所需要的。例如：猕猴桃示范站拥有西北农林科技大学果树育种、栽培生理、土壤肥料、植物保护、采后生理、食品加工、农业经济管理等多学科 20 余位专家组成的专家团队，其中首席专家刘占德研究员同时也是陕西猕猴桃首席科学家，他多次到新西兰、意大利、英国、美国、韩国等地学习猕猴桃产业发展经验，把国外的先进技术带回国内，把中国的猕猴桃产业技术与世界分享，在交流中促进了产业发展、技术进步及国际合作。甜瓜示范站聘请了由西北农林科技大学王鸣教授等多位知名专家组成的顾问组，并选聘了甜瓜育种专家杜军志、张会梅、马建祥，植物营养专家司立征，设施栽培专家常宗堂、袁万良、李哲清，植物保护专家李省印组成专家团队，长期驻站，其中首席专家杜军志研究员从事甜

瓜育种和技术推广近二十年。又如苹果示范站汇集了西北农林科技大学果树学、植物保护学、土壤环境学等领域专家 20 余名，其中首席专家赵政阳教授，从研究生毕业就一直从事苹果研究与推广，是全省最有名的苹果专家之一。他目前还担任西北农林科技大学苹果研究中心、陕西省苹果工程技术中心主任，同时还兼任中国园艺学会苹果专业委员会副理事长，国家苹果产业技术体系岗位专家，农业农村部果树专家组成员，陕西省苹果产业体系首席专家等多项职务。

在技术方面，西北农林科技大学示范站围绕区域主导产业关键技术需求，发挥西北农林科技大学多学科综合优势，重点开展主导产业前沿技术研究，为地方主导产业长期发展和新型职业农民培育提供技术支持。

眉县猕猴桃示范站主要开展以下七个方面的研究。①猕猴桃种质资源与遗传育种研究。主要涉及猕猴桃新优种质资源的收集、保存与评价；猕猴桃新优品种的选育及配套栽培技术研究与示范等。②猕猴桃砧木评价、利用与苗木繁育研究。主要包括猕猴桃优良砧木的收集、保存与评价利用；抗病虫、抗冻、抗涝等抗逆性砧木的选育；猕猴桃优良苗木的组培及快繁技术研究等。③优质壮苗繁育技术。主要育苗技术有设施温室穴盘育苗、露地培育容器大苗等，已探索形成当年出圃定植、2年见果、4年丰产的快速繁育技术体系。④猕猴桃抗逆性试验研究。示范站在选育猕猴桃新品种时，注重对抗旱、耐寒、抗病等抗性材料的筛选，并对有抗性的品种或材料进行生理、分子等方向研究，分析其抗性机理，为其抗性研究提供依据。⑤猕猴桃溃疡病发生规律与综合防治技术研究。溃疡病是猕猴桃的毁灭性病害之一，已经给果农造成了很大的损失，示范站与西北农林科技大学植物保护学院开展合作，共同寻找猕猴桃溃疡病发病规律，并研究开发其综合性防治技术，目前已取得初步成效。⑥猕猴桃优质高产栽培管理技术研究：示范站集成、熟化、示范推广了新优品种、优质壮苗、标准架型、配方施肥、充分授粉、合理负载、生态栽培、适时采收八项猕猴桃优质高产栽培管理技术，并通过同眉县的科技示范与入户工程将其推广给眉县广大果农，给眉县猕猴桃产业带来巨大效益，得到地方政府与群众的热烈欢迎。⑦猕猴桃果实品质控制与采后贮藏保鲜技术。

白水苹果示范站的研究方向主要有以下四个方面。①苹果遗传育种与新品种选育方面。示范站从事苹果品种的种质资源研究，将具备优良性状的品种进行遗传育种，试验性的将优良品种进行杂交选种，以进行苹果新品种的选育。②苹果优异砧木资源评鉴与利用方面。示范站从事国内外苹果优良砧木资源的收集、保存与评价；筛选适合黄土高原苹果产区的优良基砧和矮化砧品种，建立繁育技术体系；开展苹果抗性矮化砧木品种的杂交育种研究等。③旱地苹果优质高效栽培技术研究方面。示范站从事旱地果园肥水调控与高效利用技术研究；矮化密植栽培技术研究；旱地果园生草管理技术研究；苹果主要病虫害的预测预报与控制技术；苹果园病虫害综合防治技术研究与生物、物理防治新技术、新产品的开发利用等。④苹果品质改良与质量安全控制方面。示范站从事苹果质量影响因素及其调控技术研究；苹果花果管理技术研究；苹果农药残留与质量安全控制；绿色、有机苹果生产技术研究与示范等。

白水苹果示范站建站十余年以来研发的关键技术包括：老果园的改型修剪技术、花果综合管理技术、土肥水一体化管理技术、病虫害综合防治技术、旱地苹果矮砧密植技术、果园生草技术等。

阎良甜瓜示范站建站以来，针对甜瓜产业存在的问题，重点从穴盘基质育苗、大棚甜瓜配方施肥、多层覆盖、温湿度管理、甜瓜整枝留果、大棚甜瓜病虫害综合防治、秋延后甜瓜技术等七个方面突破，并且还在不断创新。如2016年甜瓜示范站主要进行了以下七个方面的科学研究：①甜瓜种质资源鉴选与保存。示范站利用甜瓜站大棚设施种植2茬，春茬（1～5月）种植甜瓜种质255份，秋茬（6～9月）种植甜瓜种质156份。通过苗期记载、田间观察、室内考种，共鉴选411份甜瓜资源，收获保存优良株系2 416个，并对其综合性状进行评价，为杂交组合的配制提供依据。②甜瓜杂交组合配制与品种评比试验。根据育种目标，选择优良经济性状互补的高代自交系配制杂交组合75个，对杂交种子进行晾晒保存。对前2年表现较好的20个厚皮品种和40个薄皮品种进行了评比展示，童年、雪红蜜、红光、红阳、美丽脆等品种表现优秀。对上一年度配制的44个厚皮组合和84个薄皮组合分别进行了区域试验，9个厚皮组合表现突出，7个薄皮杂交组合表现优秀。③甜瓜重茬地生物菌防病试验，调研有益生物菌对甜瓜病菌的抑制效果。试验用微生物菌剂由陕西省科学院酶工程研究所与西安紫瑞生物科技有限公司研发生产和提供。主要方式是根部冲施处理，在缓苗期和伸蔓初期随水流按 20 千克/亩浇灌施入。结果表明，通过健体防病的互作效应，对枯萎病和根腐病的防效高达 87%，并对甜瓜生产具有很好的健体增产效果，增产幅度达 12% 以上。④甜瓜疫病换代药剂防效研究。为甜瓜生产在相应的防治时期使用最佳特效农药提供防治依据。⑤甜瓜虫害新型药剂筛选。特效药剂及使用方法采用地下害虫诱杀技术，已在重发区推广采用。⑥根据甜瓜新品种的特征特性，重点从测土施肥、壮苗培育、合理密植、田间管理、按需供水、综合防病等 6 个关键环节，集成总结出 5 套甜瓜优质高效栽培标准化栽培技术。⑦研究改进了穴盘基质育苗技术、甜瓜整枝留果技术、甜瓜配方施肥技术等 3 项技术，新总结甜瓜栽培技术 3 套。

3.3 平台优势

每个示范站都可以作为新技术、新品种、新成果的示范展示平台，能够很好地满足职业农民培育的参观和实践课程要求。白水苹果示范站有老果园改造区、品种资源圃、自根砧栽培区、矮化、乔化栽培区等多个试验示范田以及无人机喷洒药物试验示范区，用以展示改形修剪技术、果园生草覆盖技术、矮化密植栽培技术、肥水一体化高效利用技术、诱虫带与杀虫灯等生物物理防治病虫害技术等。眉县猕猴桃示范站创建了新技术展示区，集中展示猕猴桃栽培管理标准化技术，如果园生草、果实套袋、合理负载、生态栽培技术等。阎良甜瓜示范站在示范站大棚内主要展示穴盘基质育苗技术、甜瓜配方施肥技术、多层覆盖技术等八大关键种植技术。

每个示范站基础设施均比较完善，可以为职业农民培训提供学习资源。如眉县猕猴桃示范站有小型气象观测站 1 座，可容纳 50 人的培训教室 1 个，贮藏量为 3 吨的试验贮藏冷库 3 个，贮藏量为 50 吨的试验贮藏冷库 2 个，温室 3 栋，试验冷库 3 座，自动气象观测站 1 台，并配备远程可视及咨询系统；白水苹果示范站占地面积 10.5 公顷，有培训楼 1 栋，培训教室 2 间，投影设备 2 部，音响设施 2 套，桌椅 150 套，宿舍 30 间，实训场地 100 亩；阎良甜瓜示范站占地面积 42 亩，建有办公室、实验室、培训教室等，以及高标准日光温室 9 栋、钢架春秋棚 13 栋。

3.4 独特的农技推广模式

农业技术推广是促使农业科研成果和实用技术尽快应用于农业生产的重要桥梁与纽带，也是增强科技支撑保障能力、促进农业和农村经济可持续发展、实现农业现代化的重要途径（高启杰等，2016）。自改革开放以来，我国农技推广体系进行了一系列改革，取得了一定成效，但是农技推广行政化等老问题依然存在，乡级农技推广部门弱化等新问题又开始出现，这些新老问题在短时间内通过推广体制改革难以解决（胡瑞法等，2018）。因此，西北农林科技大学第一批示范站建立之后，面临的第一个问题就是采用什么农技推广模式可以将示范站的服务效应发挥到最大。为此，该校专家和地方农技人员进行了很多讨论和实践，发现农户间的知识共享在农技推广过程中十分重要，农民积累的经验是他们解决农业生产中常见问题的保证，而若是遇到农户个体不能处理的难题，则可以通过社交网络向农业企业、其他农民进行询问和交流。在复杂的社会网络关系中，农民通过社会网络进行技术知识的扩散，比农技人员的推广更加有效果、有效率。而且，农民在知识共享过程中能学习到更多的技术、技能和经验，由此能提升农户对使用新技术的信任度。农业新技术的扩散与推广可以通过农户间知识共享来驱动。对此，西北农林科技大学以推动农户间知识共享为目标，成功探索出了极具特色的"示范站专家＋地方农技人员＋乡土专家＋示范户＋广大农户"的大学农技推广模式（图 3‑1）。目前，西北农林科技大学各示范站基本都采用了这种模式开展技术服务工作，如：眉县猕猴桃示范站的"1＋2＋2＋N"模式*、白水苹果示范站的"1＋3＋3＋5"模式。示范站农技推广模式有效地解决了农技推广"最后一公里"的问题，带动了当地主导产业的快速发展。这一模式不仅极具创新价值，也充分体现了社会网络理论在现实中的应用价值。本研究以白水苹果示范站的"1＋3＋3＋5"模式为例，分别从现实视角和社会网络理论

---

* "1"代表 1 个示范站专家，第一个"2"代表 2 名基层农技人员，第二个"2"代表 2 名乡土专家，"N"代表 N 个示范户，整体运行机制是 16 个示范站专家同 32 名基层农技人员和 32 名乡土专家组成 16 个工作小组，由示范站专家担任每个小组的组长，负责 16 个示范村的技术服务，然后培养 N 个科技示范户，将农业科技传播给广大农户。

视角分析"1＋3＋3＋5"模式的运行机制，从而展现示范站农技推广模式的独特优势。

图 3‑1　西北农林科技大学示范站农技推广模式

3.4.1　现实视角下的"1＋3＋3＋5"农技推广模式

"1＋3＋5＋5"模式具体是指由 1 名西北农林科技大学白水苹果示范站的教授联系 3 名基层县乡农技推广体系中的科技工作人员，1 名基层县乡农技推广体系中的工作人员联系 5 名村级技术推广员，1 名村级技术推广员带动指导 5 名示范户。该模式在实际运行过程中，西北农林科技大学白水苹果示范站的专家代表了技术传播链条中的技术来源。白水苹果示范站作为技术传播的源头，负责研发苹果栽培和果园管理技术。十余年来，示范站研发出老果园改造工程中的四项关键技术，形成了一整套旱地矮化砧木密植技术流程，培育了瑞阳、瑞雪两大新品种；同时，制定了白水苹果生产的十大关键技术，确定了白水县苹果标准化生产技术流程。作为整个白水县苹果产业的技术源头，示范站始终坚持以服务地区主导产业为出发点，结合白水苹果产业发展实际，开展科学研究和技术研发。科研成果首先在示范站内进行技术试验示范，满足生产条件要求之后，再进行推广。同时，示范站也是培育人才的重要基地，示范站通过定期召开技术培训会，有效促进了新技术传播及其应用效果的提升。

在这个模式中，每名示范站专家带领的 3 名县乡基层农技推广体系中的科技工作者，承担了该模式在基层农技推广体系中传播示范站专家技术知识的工作。该模式促使专家对这些基层农技推广体系中的科技工作者进行重点指导，把他们逐步培养成为技术过硬的实干专家。同时也完善了原有基层农技推广体系。具体来说，这些基层农技推广体系中的科技工作者虽然是政府农技推广体系和县乡果树站、园艺站的技术专家，但由于基层政府的工作业务分配原因，这些技术人员平常都被指派从事所属单位的行政工作。这些园艺站和果业局的技术人员长期脱离生产现场，在机关办公室待久了之后，对原本掌握的生产技术疏于学习和实践演练。同时，由于基层农技推广体系长期缺乏相应的推广经费，使得这些技术人员下乡从事技术指导的机会进一步减少。另一方面，由于这些基层政府的技术推广人员在原来的技术推广工作过程中工作方法粗放，并且自身的知识和技术水平并不能满足果农的实际需要，所以基层农技推广体系中的技术人员并不能获得果农的信任。传统的县乡一级的基层农技推广体系面临着线断、网破、人散的局面。示范站的核心专家力量只有 10 人，远远不能满足农技推广工作的实际需求。针对此问题，"1＋3＋5＋5" 模式实际上搭建了一个新型的农业技术平台。基于该模式，20 多名县乡技术人员被培养出来，他们也逐渐成为今后县乡基层农技推广体系的主导技术力量。在日常农技推广工作中，县乡农技工作者与示范站专家们长期驻扎在乡村一线，将所学习的生产技术和生产实践有效结合起来。科技工作者与示范站专家共同对果园的生产管理、技术操作、病虫害防治等进行现场指导和培训。同时，在日常生活和工作中，技术工作者加深了与果农的情感交流，更加有利于获得果农们的好感和信任。可见，原本自上而下的推广模式得到改善，技术推广工作融入果农日常的生活和人际交往中，将技术干部与群众的联系激活，科学技术得以自然流畅的传播并输入到农业生产一线。之前面临解散的县乡基层农技推广体系被激发出新活力，基层农技推广力量得到全新整合。

在 "1＋3＋5＋5" 模式中，1 名县乡农技推广体系中的科技推广者带上 5 名村级推广员的做法，解决了技术信息传播失真的问题。由于农民学习技术大多是模仿和学样子，以往的模式中，专家直接对接果农，在果园进行现场生产指导和技术培训。由于专家和果农所处的知识层次不同，果农并不能完全理解专家讲授的内容，导致果农对技术的学习只是停留在表面，并未理解到技术的核心内涵。在这种模式中，村级推广员变成了整个模式中的技术转译器和连接点。村级推广员负责承接县乡基层科技工作人员的技术传播信息，并对技术传播信息进行理解和转译，传播给所对接的科技示范户。由于这一层面传播者和被传播者的知识技术水平处在一个大体对等的基础上，所以技术传播能取得理想效果（翟正，2018）。

3.4.2　社会网络视角下的 "1＋3＋3＋5" 农技推广模式

Granovetter（1973）在《弱关系的力量》中，首次提出了强关系与弱关系的概念，他将在年龄、居住地、受教育程度、职业地位、生活水平等社会经济特征相似的个体或群体之间建立的关系称之为强关系，将在社会经济特征不同的个体或群体间建立的联系称之为弱关系。Granovetter认为，强关系虽比弱关系更稳定、更紧密，但弱关系所发挥的作用要远远大于强关系，因为社会经济特征相似的个体具有很强的同质性，所掌握的信息、知识往往是重复的，从而他们之间建立的强关系对于他们的帮助并不大；而代表异质性的弱关系则打破了阶级界限，成为不同群体之间沟通的桥梁，人们可以通过弱关系去获得更多的新信息、新知识与新资源。在此基础上，Burt（1992）在《结构洞：竞争的社会结构》一书中，提出了"结构洞"理论，他指出社会网络中一些个体之间建立了直接联系，而一些个体之间没有建立直接联系或者出现了关系中断，从网络整体来看就好像在网络结构中存在洞穴。Burt将这种网络成员间的关系断裂或不均等称作"结构洞"。这在现实中是一个普遍的现象，因此，就需要一些人或组织在两个原本没有联系的群体之间架起沟通的桥梁。

结合实际情况，掌握现代农业技术的大学教授与广大农民的社会经济特征存在很大差异，是互不联结的两个群体，他们之间存在着结构洞，从而造成了农技推广最后一公里的难题。因此，需要培养一些能够与大学教授、农民两者都建立联系的人，起到传递信息的桥梁作用。在"1＋3＋3＋5"农技推广模式中，基层农技人员和乡土专家成为联结结构洞的桥梁。具体而言：首先，由于示范站的建立和校县合作的开展，西北农林科技大学专家与白水县的农技人员广泛合作，建立了稳定的联系；其次，农技人员因长期开展推广工作常常与学习意识强的乡土专家打交道，他们之间建立了"弱联系"；再次，乡土专家和职业农民与自己的亲朋好友建立着"强联系"，也因社会特征的相似容易与其他农户建立联系。借助于这些联系，在自上而下的技术扩散轨道上，现代农业技术通过县乡基层农技推广人员传递给了乡土专家，在乡土专家率先使用和熟练掌握之后，再由他们向示范户和广大农民扩散，让农民可以"听得懂、看得见、问得着"。而在自下而上的农技信息传递轨道上，如果农民在生产中遇到新的技术难题，也可以通过乡土专家反馈给农技人员，再由农技人员传递给西北农林科技大学的专家或者其他农业科研技术人员，这样自下而上的反馈机制不仅使得农民的问题可以得到及时解决，而且可以让科研人员第一时间了解到新问题，从而开展新研究。

这种以基层农技人员与乡土专家为信息传递桥梁，构建起自上而下的技术扩散与自下而上的技术需求反馈的双向轨道，有效解决了农技推广过程中的结构洞问题；并且，由于农技人员和乡土专家占据结构洞，他们获得了大量教育资源和信息，他们自身的技术能力也得到了很大提升，这是"1＋3＋3＋5"模式的内在运行机制。

眉县猕猴桃示范站的"1＋2＋2＋N"模式和阎良甜瓜示范站的"1＋1＋10"模式都有着与白水苹果示范站"1＋3＋3＋5"模式相似的形成过程和运行机理。在调查中，眉县果业技术服务中心的一位农技人员谈到："'1＋2＋2＋N'模式的推广效果是特别好的。在最开始的时候，我们邀请西北农林科技大学教授直接到田间地头给农民培训，效果不好。农民普遍反映教授讲的专业知识听不懂，很多东西讲的没意思。并且大部分果农由于看不到效益，不愿意接受新技术。由此，示范站专家和农技人员共同讨论，筹划建立了'1＋2＋2＋N'的推广模式，即农技人员和乡土专家，先学习大学教授专家讲授的最新科研成果，然后结合我们的实践经验进行转化，最后通过在乡土专家和示范户的果园里进行示范推广，让广大农户能够直接看到真实的经济效益，进而将科技成果推广到广大农户。事实证明，这样的推广方式十分有效。"

西北农林科技大学眉县猕猴桃示范站站长刘占德谈到："最开始的校县合作是我们西北农林科技大学老师与眉县的农技人员组成队伍，直接对农民进行技术服务，当时的效果很不理想。之后我们把乡土专家纳入服务队伍，发现农民愿意听他们的，获得了很好的推广效果。我们这才意识到将西北农林科技大学老师、农技人员、乡土专家加在一起才能发挥真正的作用。"

西北农林科技大学阎良甜瓜示范站司立征老师也谈到："现在我们示范站驻站的老师比较少，让我们去直接指导每一位瓜农是不可能的。我们先教会一些乡土专家和示范户，然后让他们去带动其他农民。农民之间交流要比我们老师和农民交流的效果好。一个农民学会技术以后，他的亲戚和邻居都会主动去询问。通过这样的推广模式，我们的技术服务基本覆盖了阎良百分之九十以上的瓜农。"

第4章 | 农技推广示范站培育新型职业农民的具体实践

4.1 依托农技推广体系，长期面向潜在职业农民群体开展培训

　　农技推广与新型职业农民培育是农民教育的不同形式。各示范站在进行技术服务时，首先选择有一定文化基础、头脑灵活、接受能力强的农户作为乡土专家和示范户，对他们进行现场指导、集中学习、外出参观等多种形式的培训（孙武学，2013）。经过反复培训，这些乡土专家和示范户不断提升理论和技术素养，同时也强化了学习意识。2013年，各县开始陆续培育新型职业农民，这些乡土专家与示范户积极报名学习，不仅成为第一批新型职业农民，还扮演了政策宣传者的角色。本次调查的职业农民中有29.28%是各村的乡土专家和示范户，其中在2013、2014年度报名参加职业农民培训的人数比例为75.61%。

　　此外，面向广大农户，各示范站也组织了大量的技术培训。据统计，在2006—2010年第一期"校县合作"中，猕猴桃示范站和眉县政府共计开展各类猕猴桃技术培训300余场次，培训果农十万人次；在2010—2015年第二期"校县合作"中，科技入户工作组深入田间地头，5年累计举办各类猕猴桃技术培训班585期，培训125 000人次，发放技术资料8 000余份。阎良甜瓜示范站自建站以来共举办甜瓜技术研讨会22次，核心示范户学习班65次，各类培训会300多场次，进行电视、广播技术讲座19次，培训人数达3万余人次，制作发放甜瓜栽培VCD光盘数百张，印发《甜瓜标准化生产规程》《甜瓜栽培技术100问》《大棚甜瓜栽培技术图解》等4万多册。白水苹果示范站2016年全年共举办各项培训活动560场次，录制电视专题技术讲座9期，印发技术资料4万余份，培训果农8万余人次、县镇村技术干部320人、家庭农场主或种植大户等670人，果业科技

人才队伍不断壮大，素质不断提高。

通过培训，广大果农转变了对农业现代科技的态度，树立了学习意识，参与新型职业农民培育的热情大大提升。正如眉县一位职业农民谈到："在参加职业农民培训以前，我参加过一些示范站老师组织的培训，我也是听了以前的培训，发现学到的技术有用，因此转变了思想，觉得科学技术有用，然后才参加了新型职业农民培训。"本次调研的眉县、白水、阎良近几年都出现了新型职业农民培育报名人数均远远超过招收人数的现象。2019 年白水县新型职业农民培育开设两个专业，计划招收 200 人，其中苹果生产专业 150 人，电子商务专业 50 人，但报名的农民多达500 人。

白水县秋林合作社理事长林秋芳谈到："我现在是一名中级职业农民，苹果示范站对我的帮助特别大。2010 年我开始负责苹果示范站白马育种复选圃的日常管理，这期间我也师从示范站的王雷存和赵政阳教授，学习苹果品种选育和栽培管理技术。再后来我自己育苗，第一年失败了，一棵树苗都没有长出来。之后我就求助示范站的老师，他们说我失败是因为仍然按照以前的传统做法，施肥量过大，尿素使用过量。我听取了老师的建议，第二年就改变思路了，种苗特别成功；第三年树苗就被人抢光了，那年挣了 100 多万元。现在我跟示范站的合作也很多，我们合作社与示范站联手种植新品种矮化中间砧苹果树苗 100 余亩。2015 年，我创建了 100 余亩的高标准矮化示范园，品种主要是示范站研发的瑞阳和瑞雪，相关技术都是示范站提供给我的。跟着西北农林科技大学专家学习的经历也让我意识到了科技的重要性，在新型职业农民开始招生以后，我就果断报名参加了学习。"

眉县农业广播学校校长表示："陕西省的职业农民培育工作，宝鸡市做得最好，而在宝鸡，眉县是最好的。最近几年职业农民报名的人数特别多，鉴于这种情况，为了满足广大果农的学习需求，果业中心也在 2018年开设新型职业农民猕猴桃栽培管理班，与我们农广校共同承担培育工作。基于这些努力，眉县的新型职业农民培育进展十分顺利。截至 2018年 6 月，眉县共培育认定高级职业农民 25 人，中级 116 人，初级 884 人，各级职业农民数量都居于陕西省前列。能取得这样的成绩，除了我们培训工作做得扎实，还跟我们眉县果农整体素质高、学习意识强有很大的关系。不管是职业农民的报名过程，还是具体的课堂教学、实训过程，果农的积极性都特别高，上课很少有迟到情况，课堂氛围也十分活跃，课后果农之间也经常交流、比试技术。所以，我们在相关活动的组织上都特别顺利，学员都十分配合。眉县能有如此好的农业发展环境，和西北农林科技大学示范站长期进行的农技推广工作是分不开的。"

4.2　专业教师参与职业农民的理论实践教学

示范站充分发挥自身的人才优势，通过驻站专家直接参与教学、联系西北农林科技大学本校教师参与教学、培训农技人员间接参与教学三种方式，为地方的新型职业农民培育配置了优秀师资。

第一，驻站专家直接参与教学工作。比如，9 名西北农林科技大学专家长期驻站在眉县猕猴桃示范站，他们每年驻站时间都在 120 天以上。这些专家有丰富的理论知识以及在长期农技推广工作中积累的农民培训经验，他们在完成科研与推广任务的同时，基本都直接参与了新型职业农民的理论和实践教学工作。一些专家曾先后多次受邀上课，如眉县猕猴桃示范站的刘占德老师承担的"走进猕猴桃"课程、姚春潮老师承担的"猕猴桃花果管理"课程、李建军老师承担的"猕猴桃溃疡病防治"课程以及刘存寿老师承担的"猕猴桃果园水肥一体化的实践观摩"课程，白水苹果示范站梁俊老师承担的"苹果作务管理"课程，都受到农户一致好评。

第二，联系西北农林科技大学本校教师以及其他领域的专家参与教学。示范站是连接大学和地方县区的纽带，基于其长期的科技推广工作，其影响力也持续提升。职业农民课程大纲里包含有"农产品销售""职业农民阳光心态""农村法律法规""传统文化与职业道德""农业合作社的经营"等课程，大部分的示范站驻站专家都是自然科学领域的研究人员，并不擅长讲授这些课程。在农民有培训需求的时候，示范站会发挥自身优势，帮助联系西北农林科技大学本校相关专业的教师或其他领域的专家参与教学。例如，西北农林科技大学经济管理学院的王征兵教授是国内知名的农经研究领域的专家，他曾多次受各地示范站的邀请到地方县区讲授农产品市场营销、农业电子商务等方面的课程。

再如，2019 年 11 月 15 日至 16 日，由西北农林科技大学阎良甜瓜示范站和阎良蔬菜示范站合并组建的阎良现代农业试验示范站举办了西安市阎良区 2019 年乡村振兴科技人才培训，来自关山、武屯、新兴、振兴、北屯等 5 个乡镇 27 个种植示范村的新型职业农民、创业致富带头人等 110 人参加培训。该培训为期 2 天。培训采取理论和实践相结合的方法，内容主要为现代农业与乡村振兴、设施甜瓜及蔬菜栽培技术、农产品质量安全与监督、休闲农业与乡村旅游、农业电子商务等知识。示范站特别邀请西北农林科技大学推广处副处长张正新讲授"乡村振兴背景下现代农业发展模式创新"，西安农链互联网科技有限公司黄小星董事长讲授"区域特农产品市场营销与电商"，并由阎良现代农业试验示范站甜瓜首席专家杜军志研究员讲授"甜瓜早熟高效栽培技术"，阎良现代农业试验示范站蔬菜首席专家许忠民副研究员讲授"低温寡照雨雪天气条件下提高大棚蔬菜抗逆性"等课程。培训期间还组织学员到国强瓜菜专业合作社和现代农业示范园现场观摩学习。通过培训学习，学员们开阔了眼界、提升了科学素养、拓展了发展思路，他们纷纷表示要以更加饱满的热情积极投入美丽乡村建设、绿色田园建设及乡村振兴的实践中去，进而带动村民增收致富。此次培训结束后，试验示范站专家继续利用帮扶服务微信群，对参训学员进行一对一技术指导，为学员提供全面、持续的农业科技服务。

此外，部分示范站还组织新型职业农民学员到西北农林科技大学本部进行培训。例如，2017 年 12 月，阎良甜瓜示范站遴选 120 余名新型职业农民到西北农林科技大学进行培训。该次培训班由西北农林科技大学专家教授采用专题教学、现场实践、互动交流等形式进行授课。培训共安排了 6 天时间，其中 5 天课堂教学、1 天教学实践。课程设置有设施蔬菜发展现状趋势、设施瓜菜栽培技术、设施蔬菜病虫害防治、农村合作社组织运营与品牌营销、农产品市场营销、农村电子商务、农业创业思路等。

第三，培训农技人员和乡土人才间接参与教学。长期以来，缺人才、缺资金是基层农技推广存在的共性问题，农技人员自身技术不过硬、没权威，农民不信赖。西北农林科技大学示范站在各地建立以后，基层农技人员和乡土专家成为示范站农技推广的重要主体，也是示范站重点培养对象。示范站每年对地方市县的农技干部和乡土人才进行多次培训，使得他们的技术水平得到了显著提高。白水县园艺站站长郭学军谈到："以前我的知识很零碎，大部分都是靠自学。赵政阳教授是全国的苹果权威，示范站里还有多学科教授团队，这几年跟着他们学，感觉自己提高很快，走到地里农民都叫我'专家'。"

2010年12月2日至16日，白水苹果示范站与陕西省果业局在白水市联合举办了全省现代苹果标准化生产技术培训班。本次培训的对象是苹果主产市、县果业局、园艺站具有中专以上学历、年龄在50岁以下的科技干部和苹果专业合作社的技术骨干。授课老师分别由苹果示范站和省果业局的专家、教授担任。培训班共进行了三期，每期40多人，共培训132人，涉及陕西42个苹果生产县。培训时间和地点分别为：第一期12月2日至6日，渭南市和铜川市；第二期12月8日至12日，延安市和榆林市；第三期12月12日至16日，咸阳市和宝鸡市。培训主要采取课堂理论讲授与田间参观实践相结合的方式，并且每期开展问卷调查和座谈讨论。讲授内容主要有：①推行标准化管理、推进苹果产业升级；②国内外苹果生产技术与发展；③苹果优良品种选育与规范建园技术；④花果标准化管理技术；⑤果园土肥水标准化管理技术；⑥果园病虫害绿色控制技术；⑦改型修剪与老园改造技术；⑧腐烂病、落叶病和农药的安全使用技术等。

十几年以来，各示范站培养出一大批优秀的基层农技人员和乡土人才，他们在农技推广中发挥了重要作用。据不完全统计，阎良甜瓜示范站建站以来累计培养农技人员和农民技术骨干260余名；白水苹果示范站累计培养县乡基层技术骨干200余名，果农技术骨干1 000余名。同时，在新型职业农民培训开展之后，这些基层农技人员和乡土人才成为了重要师资力量。如眉县农技人员赵英杰老师多次承担了"猕猴桃十大作务技术"课程，乡土人才李凯承担了"果园生草"课程；白水优秀乡土人才曹谢虎、田雷友、林秋芳都曾进入职业农民课堂，分享自己的创业故事和创业经历，传授自己在生产过程中的管理经验。

示范站通过以上三种途径，极大地解决了地方师资不足与教师水平不高的问题，提升了培育质量。本次调研数据显示，93.55％的职业农民对新型职业农民的培育师资水平表示满意，73.7％的职业农民对课程内容表示满意（表4-1）。

表 4 - 1　新型职业农民对培育课程的满意情况

题目	是	说不好	否
您对培训教师水平是否满意?	93.55%	4.47%	1.96%
你对培训课程内容是否满意?	73.7%	18.31%	7.99%

访谈资料也印证了上述结论。如白水县一位职业农民谈到:"我是2015 年参加新型职业农民培育的,培训了一年左右。有理论课程,后面还有实践课。我们当时大部分的课程都是西北农林科技大学老师来讲的,包括理论知识、实践操作、果园亲自技术示范等等。"西安市阎良区农技中心主任谈到:"我们每年组织新型职业农民培训都会请几个西北农林科技大学示范站的老师给农民上课,有的时候集中起来讲大课,有的时候到合作社去搞实践传授。示范站老师接地气,给农民讲,农民容易接受。有时我们也会请一些省市比较专业、比较有名的专家,他们讲的理论性比较强、比较高深。由于农民文化层次比较低,很多东西听不懂,效果就会差一些,不如我们示范站老师讲的效果好。"眉县果业技术服务中心副主任谈到:"每年猕猴桃示范站都会组织全县技术骨干和农技人员进行猕猴桃技术培训和交流,我们这些农技人员因长期和西北农林科技大学专家交流合作,综合素质也得到了极大的提升,我们也会承担一些职业农民培育的课程。"

4.3　示范站承办职业农民实训课程

立足于理论教学与生产实践相结合,通过在示范站现场参观、实践教学指导及现场启发式讨论等教学环节,学员不仅能够迅速学习到新的技术,也开阔了视野。这极大地提升了职业农民培育的成效和质量。各示范站每年都会为所在县区以及其他省市县的新型职业农民开设参观与实践课程,极大地丰富了培训的内容。西北农林科技大学眉县猕猴桃、白水苹果、阎良甜瓜示范站均被作为新型职业农民培育的实训基地,很好地发挥了自身的平台优势。以下几则关于西北农林科技大学示范站承担新型职业农民实训课程的报道,都生动再现了具体课程开展情况和取得的培训效果。

报道1：2018年6月21日，眉县猕猴桃示范站举行了猕猴桃夏季果园管理现场观摩技术交流会暨2018眉县新型职业农民实训课程，由首席专家刘占德研究员向学员介绍了猕猴桃产业发展形势和新品种新技术研发创新等方面的进展，及猕猴桃夏季管理技术措施；随后带领学员们参观了猕猴桃示范站在组培苗木、扦插育苗和猕猴桃树体管理等研发创新成果展示；在猕猴桃示范站新品种示范园，郁俊谊研究员详细介绍了新品种"农大郁香"的基本特征、生长表现及管理技术，该品种果型大，果肉细，果心细，香味浓郁；花大多为单花，不用疏侧花，减少了用工量。了解农大郁香猕猴桃的特点和果园生长表现后，学员们很感兴趣，许多人现场询问接穗，联系示范推广情况。*

报道2：2019年5月，岐山县猕猴桃开发中心组织岐山县猕猴桃职业农民60多人来眉县猕猴桃示范站参观实训。驻站专家现场对职业农民进行了指导培训。猕猴桃站首席专家刘占德研究员介绍了猕猴桃示范站驻站的基本情况和外出考察调研后对岐山县北塬猕猴桃产区品种选择的一些指导意见。姚春潮研究员带领学员参观了猕猴桃示范站的苗木繁育试验、扦插试验、架型试验和标准化栽培技术等试验研究区，向学员讲解了有关苗木繁育、架型、果园生草和授粉等标准化栽培技术。郁俊谊研究员向学员介绍了示范站选育的猕猴桃新品种农大郁香的田间生产习性和配套栽培技术。随后，学员在果园实践操作了猕猴桃疏蕾技术。下午，针对当前生产管理技术，姚春潮研究员在室内进行了猕猴桃花果管理技术讲座，听讲的职业农民和果农挤满了培训教室。本次实训活动受到受训职业农民和果农的欢迎与好评。**

报道3：2019年4月，为了进一步发挥猕猴桃示范站专业人才培养功能，提高新型猕猴桃职业农民培育水平，猕猴桃示范站联合眉县果业技术服务中心和眉县农业宣传信息培训中心在猕猴桃示范站开展了眉县猕猴桃职业农民果园实训活动，5天共培训职业农民7个班400多人，田间实训教学受到受训职业农民的欢迎与好评。5天来，先后由眉县果业技术服务

---

 * 参见：眉县猕猴桃，眉县果业中心举行眉县猕猴桃夏季管理流动现场会暨职业农民实训活动，https：//mp. weixin. qq. com/s/7dQ9SgO9myh73A-bWbLj4A。

 ** 参见：西北农林科技大学新闻网，岐山猕猴桃职业农民来站参观实训，https：//news. nwsuaf. edu. cn/yxxw/89359. htm。

中心和眉县农业宣传信息培训中心带领7个职业农民培训班来示范站进行了猕猴桃生产实践实训。首先由猕猴桃示范站驻站专家对学员就猕猴桃标准化栽培技术中的新优品种选育、品种选择、优质苗木繁育技术、标准化建园技术、标准化架型和树形结构、以及春季果园管理技术等方面进行了详细的田间实训指导，使学员就课堂学习的理论知识和生产实践问题相结合，很快掌握猕猴桃标准化栽培技术。其次专家与学员在现场进行启发式讨论教学，由每个学员结合自己的学习与生产实践，提出自己的问题和学习体会，专家现场进行指导和点评。[*]

报道4：2018年3月21日至23日，合水县农广校组织新型职业农民培育工程苹果生产经营培训班学员50人赴陕西洛川、白水参观学习。学员先后参观了洛川苹果城、洛川县现代苹果产业示范园、白水县盛隆果业有限公司、西北农大白水苹果示范站、白水现代苹果产业标准化示范基地、白水县秋林苹果专业合作社。通过实地查看、听取介绍等方式，详细了解了两县苹果产业发展情况。西北农大、洛川、白水两县苹果专家和参观点负责人围绕现代苹果产业发展趋势、种苗繁育、双矮密植、土肥水管理等果园管理技术现场进行了详细讲解。学员进园区、看基地、听讲解、取真经，实地了解，亲自感受了陕西苹果产业及现代农业发展情况。学员们纷纷表示，这次观摩学习，培训方法得当，措施得力，改变了过去传统的培训模式，把"大水漫灌"转变为"精准滴灌"，是一次听得懂、看得见、用得上的培训，通过参观考察，找到了差距、学到了技术，要借鉴学习和推广矮化密植苹果种植模式，积极推进苹果生产规模化、科技化、产业化和品牌化，为我县进一步发展特色优势苹果产业拓宽思路，明确目标，找准定位。[**]

报道5：2019年8月11日至18日，由山西吉县果业中心牵头、西北农林科技大学苹果示范站承办的为期8天的苹果技术培训在白水苹果示范站举行。本次培训学员共计50人。8月12日至18日，主要由西北农林科技大学园艺学院知名专家教授，同时邀请了杨凌职业技术学院的马志峰教

授、马文哲教授，陕西科技大学李详教授，河北中农博远农机装备有限公司白水县分公司经理朱强为本次学员进行授课，本次培训内容主要包括苹果产业形势及发展前景，乔化苹果老园改造及提质增效技术，苹果新品种与现代化果园建园建设，山地果园肥水一体化管理技术，现代果园病虫害综合防治技术，苹果树高接换优新技术，有机肥熟化技术，苹果采收、贮藏与市场营销、果园机械等。内容丰富，采用理论与实际结合的形式，既有理论教学，又有实践环节，紧张有序，有条不紊。通过系统学习，学员收获很大，反响强烈，改变了观念，全面掌握了苹果园标准化生产管理关键技术。吉县果业中心主任谈到，通过这次学习，先让这 50 个学员掌握苹果园管理先进技术，然后通过他们，带动全县其他果农的苹果生产，促进全县苹果产业转型升级，提质增效，让老百姓真正富起来。*

　　本次调查的职业农民均表示知晓西北农林科技大学示范站，其中有 75.63% 的职业农民表示曾到示范站进行过学习。关于示范站承办职业农民实训课程，白水县农业广播学校校长谈到："西北农林科技大学苹果示范站是我们县新型职业农民的一个实训基地。我们平时会带学员去示范站参观。西北农林科技大学示范站经常有一些新品种，比如说瑞阳、瑞雪，还有一些新技术。除了观摩了解这些，平时的一些实践操作课我们也会去示范站上，因为那里的各种设备都是很齐全的。同时，因为白水苹果名气挺大，示范站做得也很好，其他县的职业农民到白水示范站参观学习的也很多，像宝鸡市的凤翔县、铜川市的宜君县等。2016 年、2017 年凤翔县都来了两批职业农民，他们都觉得在这边参观的收获挺大的。"

4.4　组织职业农民参加多种形式的国际交流活动

　　西北农林科技大学示范站是进行国际交流合作的重要平台，每年都会组织多种形式的国际交流活动。世界上有很多国家的农业发展水平优于我国，虽然我国是猕猴桃的原产地，但商业化种植仅有 30 年左右的历史。进入 21 世纪以后，我国猕猴桃产业发展迅速，目前已经成为世界上栽培面积和产量最大的国家，但是出口仍保持在较低的水平。中国猕猴桃在国

---

　　* 参见：西北农林科技大学园艺学院，山西吉县苹果技术培训在白水苹果试验站举行，https：// yyxy. nwsuaf. edu. cn/xyxw/432172. htm。

际上具有极差的竞争力或不具有任何竞争力，猕猴桃的栽培管理技术仍与新西兰、瑞士等猕猴桃生产强国存在很大差距（张计育等，2014）。因此，通过开展国际交流学习他国先进种植管理技术，对于职业农民成长十分有帮助。

眉县猕猴桃示范站在这方面发挥的作用尤为突出。猕猴桃示范站是猕猴桃研究领域进行国际交流合作的重要平台。西北农林科技大学猕猴桃示范站与新西兰佳沛国际有限公司、新西兰植物与食品研究院建立了长期合作机制，每年都会组织多种形式的交流活动，为新型职业农民提供了直接学习国际猕猴桃先进果园管理技术的机会。如：2018 年 4 月 18 日在国家级（眉县）猕猴桃产业园区召开了"佳沛卓越中心眉县研讨会"，新西兰植物食品研究院高级科学家 Mike Currie、Kevin Patterson、佳沛全球生产技术总监 Shane Max、陕西佳沛泽普果业有限公司项目总监 Nick Kirton 等分别做了"改善猕猴桃产量和质量的技术报告""优化猕猴桃生产力报告""霜冻防控措施""陕西猕猴桃长势提升之路""品种评估"等交流报告。新西兰专家与猕猴桃示范站专家和参会猕猴桃技术人员、职业农民等进行了充分交流。

再如，2018 年 5 月中旬眉县中级职业农民李凯被示范站推荐到新西兰进行了一周的学习。在访谈中李凯谈到了他去新西兰学习参观的感受："2018 年 5 月我作为优秀职业农民代表去新西兰学习猕猴桃标准化生产技术，开阔了我的眼界，收获很大，特别感谢示范站的西北农林科技大学老师能给我提供这样的机会。在新西兰的一周，我走进果园、包装厂、堆肥场、实验室等，进行了系统的参观学习和座谈交流，感触颇深。新西兰的降水量大、分布均匀，土壤肥力高，特别适合猕猴桃生长。当地果农都有一套很科学、规范且成熟的猕猴桃管理技术规程。他们在平时管理当中，把猕猴桃当做婴儿般呵护，对果子的品质要求非常高。在采收时全园的商品率基本都能达到 90％以上，而且果子在采收前要经过欧洲权威机构检测，果实的硬度、糖分、干物质达到标准才会采摘，而且他们非常重视干物质的指标。如果当地某个果农种的猕猴桃商品性（干物质、糖分、硬度）特别高，包装厂还会奖励；相反，如果有的果农种的商品率太差，也会受到相应的负激励。在当地，果农负责种出优质果，包装厂负责分拣、包装、贮藏，佳沛公司负责营销。果农、包装厂和佳沛公司已经构成了一个命运共同体，也形成了一个完整的产业链。这样的猕猴桃管理模式特别值得我们借鉴。"

再如，2019年1月18日新西兰植物与食品研究院的两位资深猕猴桃栽培育种教授Mike Currie、Keiven Patterson和佳沛公司研发与创新部门的孙之谭博士走进眉县职业农民培育课堂，为学员提供与外国专家面对面交流的机会。两位教授就他们在新西兰果园如何从周年管理的各个环节来提高猕猴桃的商品性和品质做了精彩的分享，同时就他们看到在中国果园管理存在的问题进行了讲解，并提出了相关的建议；孙之谭博士就目前新西兰佳沛公司在眉县开展的一些项目和合作结果做了精彩的分享；随后，学员代表就果园如何科学施肥与三位专家进行互动交流。

白水苹果示范站搭建了苹果科技交流与和合作的平台。截至2015年，驻站人员先后有5批次、30余人次赴10余个国家的30余个大学或科研单位进行考察交流或进修学习。先后有300多人次国外专家学者、50多位国际知名苹果专家来示范站考察交流。与国外5个大学或科研机构建立了技术合作关系，先后举办或承办国际苹果学术交流研讨会3次。如：白水苹果试验示范站2010年举办的"苹果国际学术研讨会"，聚集了美国、加拿大、法国、澳大利亚等国39位专家和束怀瑞院士等一批国内知名苹果专家进行了研讨交流，提升了试验示范站的科研水平。

再如，2010年11月白水县职业农民曹谢虎随西北农林科技大学赵政阳教授一起到美国哈佛大学参加了国际食品安全与生产研讨会。参加会议的大部分人员是食品生产科学技术方面的权威专家教授、食品领域的跨国公司老板和生产第一线的杰出农民代表，苹果种植方面参加研讨会的农民仅曹谢虎一人。在会上曹谢虎向100多位各国代表作演讲，介绍自己科学种苹果成功致富的故事。演讲结束时，他说："作为一个普通农民，能够站在哈佛大学的讲堂，我做梦也没想到。我衷心感谢西北农林科技大学的专家带我走上靠科技致富的道路。"现场掌声雷动。

再如，为了更好地帮助新型职业农民和广大果农解决病虫害问题，西北农林科技大学植保学院邀请了美国康奈尔大学唐氏基金会负责人王平教授及果树病虫害专家Arthur Agnello和Kerik Cox教授于2016年8月6日至17日到学校进行访问。首先，在中外专家的座谈会上，康奈尔大学王平教授谈到，美国唐氏基金会项目希望在人才培养、科研、推广及交流互访方面与西北农林科技大学加强合作。美国纽约州的吉内瓦是美国苹果主产区，该地的农业示范站拥有一批果树病虫害综合治理（IPM）专家，并且已经建成纽约州最大、最先进的 IPM 研究中心，负责整个纽约州的苹果害虫预测预报及防治。该预测预报模拟系统是目前世界上最准确、最先进的。王平教授表明他本次来访目的是希望将这项技术推广到陕西省苹果病虫害防治领域，由他们负责提供技术支持并解决推广中遇到的其他相关病虫害问题。他们希望西北农林科技大学对参加这项工作的专家给予项目和经费支持，便于将这套技术推广到苹果产业中，为陕西省果业做贡献，为果农们谋取最大福利。会议最终就合作事宜达成了初步共识，并形成了一个备忘录，为以后两校之间的官方合作奠定基础。之后，美国康奈尔大学王平教授一行参观了西北农林科技大学白水苹果示范站。在王雷存站长的介绍下，专家们对白水苹果基地的苹果品种、种植模式、管理现状及病虫害发生及防治技术有了一定了解，对基地的病虫害防治技术和效果给予肯定。他们一致认为基地建设全面，具有合作开展科研和推广条件，希望将美国康奈尔大学的苹果害虫预测预报系统及防治技术真正在白水基地建起来。植保学院黄丽丽教授陪同专家们赴西安市植保站，给植保技术人员进行为期两天的果树病虫害防治技术培训，并深入果园示范和讲解病虫害防治技术，提高植保人员专业水平，收到了良好效果。

4.5 建立长期培育机制，促进职业农民持续成长

法国著名成人教育家保罗·朗格朗提出，百年来把人生分成两半，前半生用于受教育，后半生用于劳动，这是毫无根据的；教育应当是每个人一生的过程，在每个人需要的时候施以最好的方式提供必要的知识（厉以贤，2004）。在现代农业快速发展的背景下，农业知识更新极快，各种农业新技术、新品种、新设备层出不穷，需要农民不断地进行学习，而且，农民在生产第一线也常常会遇到各种无法解决的新问题。因此，新型职业农民在完成教学大纲所安排的全部课程、通过考核拿到证书以后，还应该继续接受终身性质的教育。现实中，西北农林科技大学示范站采取各种方式有效地补齐了持续性培育这块短板，将职业农民视作终身教育的对象，促进他们继续成长，具体采取如下方式。

第一，各示范站每年会在当地主导产业作物管理的关键时期组织大规模培训，针对性地提高新型职业农民和广大果农的技术水平。猕猴桃示范站会在每年春季组织病虫害防治培训、夏季组织标准化生产培训、冬季施肥修剪培训。2019年1月11日，眉县猕猴桃示范站举办了首届猕猴桃"金剪刀"冬剪技术比武大赛。比赛以眉县各乡镇职业农民和果农为主要参赛对象，通过冬剪技术大比武来挖掘猕猴桃技术人才、规范猕猴桃冬剪标准化技术，进而提高新型职业农民和广大果农的猕猴桃标准化栽培技术，促进眉县猕猴桃产业的提质增效和产业升级。本次比赛采取网上报名和现场报名相结合。比赛分两部分，一是评委专家理论问答，二是果园实地修剪演示，由专家按照理论素质、操作实践最终决出"金剪刀"获奖人员。西北农林科技大学猕猴桃示范站首席专家刘占德谈到，通过修剪技能大比拼，营造大家学科学、用技术的氛围，发掘了一批猕猴桃种植能工巧匠。通过他们的示范作用，带出更多的农业技术人才，从而保证眉县猕猴桃高质量、高标准的发展，提升猕猴桃产业的综合管理水平，为陕西省猕猴桃产业的健康持续发展打下坚实基础。

为了进一步优化苹果品种结构，提升新型职业农民技术水平，加快苹果产业发展，白水苹果示范站每年会在苹果作物管理的关键时期组织培训。如2019年12月19日，白水苹果示范站赵政阳教授、梁俊教授、张斌同志及白水苹果示范站技术员等前往陕西省富平县薛镇，为当地果农进行苹果树冬季修剪实地培训。由于气候原因，当年苹果病害大暴发，赵政阳教授走进田间地头，从苗木选择、肥水管理、果树修剪、果品销售等方面，耐心地为当地果农解答疑问，对当地苹果种植提供科学技术指导。对于如何生产出高质量的苹果，赵政阳教授提出"要有产量得有水，要有质量得有肥"的14字诀窍。针对富平县苹果产业的发展现状，赵政阳教授建议，要加快当地苹果新品种的规模化种植和标准化生产，提高果品质量，推行差异化发展的新模式；希望后期富平县苹果产业从基地建设到果品销售能形成完整的产业链，帮助富平县果农走上发家致富的道路。梁俊教授从肥料的选择、施肥时期、施肥方式等果园肥水管理方面为当地果农做了详细的讲解：纠正了当地果园只重视肥而不重视水的观念，强调生产优质苹果需水肥同时满足；提出了"肥水一体化"协调发展模式、"有机肥＋菌肥＋复合肥"三元素合理搭配的施肥方式和合理补充果树生长所需的微量元素等建议。赵政阳教授等人用理论知识为果农讲解了果树管理的要点，同时亲自为大家示范了苹果树冬季修剪的要领。此次同行的白水苹果示范站技术人员全程指导当地苹果树的冬季修剪。

再如，春暖花开之时是预防病虫害的关键时间节点，此时病虫害防治如果做得到位，能够达到事半功倍的效果。2019 年 4 月，结合春季果园病虫害防治状况，白水苹果示范站对 187 名种植户进行了培训。首席专家赵政阳教授表示，经过多年的病虫害专题讲座，白水县苹果种植户的病虫害防治水平已经得到了很大提高，在农药的选配方面也比较专业，但是病虫害的防治还是存在比较多的问题。前几年的金纹细蛾、早起落叶病、白粉病等在白水区域得到了有效的控制，但最近一年来又有复发的趋势。因此，在病虫害防治这块不能掉以轻心。这次培训，示范站邀请了甘肃庆城苹果示范站高级农艺师王金科进行讲解，他悉心讲授了常见病虫害的病理特点、发生规律及防治关键措施，种植户们听得非常认真，记录了重要的知识点。课后进行了充分的答疑解惑，学员们纷纷表示本次讲座非常契合时宜，收获很大。

阎良甜瓜示范站也多次在春季、冬季等甜瓜种植的关键节点举办了农民培训。如 2008 年 3 月，围绕阎良当地农业主导产业，依托阎良甜瓜试验示范站，西北农林科技大学科技推广处组织该校西甜瓜、蔬菜、畜牧、食品加工、林学等方面的十位专家赴阎良区关山镇，开展了春季科技下乡示范活动。当天上午 10 时，在试验示范站的培训教室里，常宗堂副研究员结合当年的气候特点和近些年来西甜瓜育苗栽培的实际情况，为前来参观学习的群众作了"大棚厚皮甜瓜规范化栽培技术"培训讲座。其他专家也在关山镇街道开展了西甜瓜、蔬菜、畜牧、农产品贮藏加工等方面的现场咨询活动。专家们被前来咨询的群众围得水泄不通，展板也吸引了不少群众。大家认真记录着需要的农业科技信息，听取专家对问题的解答。半天时间，8 000 多份资料和 2 000 多册实用技术书籍就被前来参与活动的群众"一抢而光"。前来咨询的群众说："能和专家面对面地交流非常高兴，既能解决实际问题，又能了解自己想知道的知识，开阔了视野。"

第二，通过建立微信群和结对子等方式为职业农民提供跟踪服务，对职业农民进行实时指导。2019 年西北农林科技大学猕猴桃示范站和眉县果业技术服务中心携手组建猕猴桃职业农民技术帮扶指导团队，采用面对面结对子方式帮扶猕猴桃职业农民提高技术水平，形成猕猴桃职业农民新的培训机制。该活动由示范站选派团队专家6名，与眉县果业技术服务中心9名技术干部共15人组成3个猕猴桃职业农民技术帮扶指导团队，与3个班150名猕猴桃职业农民结对子进行技术帮扶。每个帮扶小组包括2名猕猴桃示范站专家和3名县技术干部，帮扶指导一个50人猕猴桃职业农民培训班，每名帮扶人员与10名职业农民"一对十"结对子。每组成员建立微信群，结合专业优势特长，从技术培训、咨询、现场指导、创业引导、信息共享等方面采取面对面、线上线下等方式开展"一对十"的全程跟踪服务，建立培训教师和学员的长期联系制度。除课堂理论讲解外，还对学员进行实地帮扶指导，帮助其解决生产种植及农产品销售等方面的问题，提高农户理论知识和实践技能。

白水县建立了新型职业农民培育"一对一""一对多"的帮扶指导制度。2017年该县围绕产业特点和关键技术，安排了包括示范站专家在内的40名帮扶教师对250名职业农民进行"一帮六"技术指导帮扶。由帮扶教师按照帮扶对象不同的需求，为每位帮扶对象制定具体的、操作性强的帮扶措施及帮扶内容，要求每月通过电话或现场指导的形式开展2～3次技术管理或政策指导服务，及时解答职业农民发展产业中遇到的实际问题并认真做好专家服务记录，目前已完成指导帮扶1 200余次。帮扶指导制度对职业农民培训起到了很好的推动作用。

阎良甜瓜示范站建立了职业农民和西北农林科技大学专家的微信群，职业农民在生产中遇到问题可以通过电话或微信同西北农林科技大学专家联系。阎良一位职业农民在访谈中谈到："搞农业每年的情况不一样，天气也不一样，所以我拿到职业农民证书以后，在生产中遇到问题还是会经常求助示范站老师，如果通过电话微信解决不了的，老师还会亲自到我的地里给我指导。"

第三，遇到突发状况与自然灾害及时对职业农民进行指导。如2018年4月7日凌晨，陕西猕猴桃产区遭受近几年来严重的春季低温晚霜冻害。从4月7日上午开始，猕猴桃示范站迅速组织驻站专家先后奔赴眉县、周至、岐山、扶风、杨凌、武功、临渭、华县等猕猴桃霜冻灾区开展灾情调查，及时提出猕猴桃冻害灾后补救应急技术措施，指导受灾果农开展灾后生产自救工作。尽管根据天气预报以及陕西省秦岭北麓猕猴桃产区历年发生低温危害情况，猕猴桃示范站联合校县合作单位提前一周联合提出预警并采取果园春季防冻技术措施，但低温冻害对猕猴桃生产还是造成了严重影响。猕猴桃叶片出现冻伤萎蔫变褐干枯，部分产区尤其是地势低洼、通风不畅的果园冻害极其严重。从调研结果来看，两方面的原因造成了这种局面：一方面，由于前期气温回升快，而本次低温降温幅度大，持续时间长，猕猴桃刚萌发的春梢和新叶的抗冻能力不足以抵御低温冻害；另一方面，由于多年来猕猴桃产区没有遇到较大的冻害，许多果农疏忽大意，心存侥幸，预防工作不扎实不到位，更加重了冻害的影响，教训深刻。

通过实际调研猕猴桃低温冻害发生情况，示范站专家分析了冻害发生的主要原因，现场指导果农开展灾后生产自救工作，同时邀请电视台录制灾后生产自救技术视频，通过电视台播放指导广大果农开展生产自救，促进猕猴桃树体恢复，将冻害损失降低到最低。并及时发布了《猕猴桃低温冻害灾后补救技术》。原文如下：

猕猴桃低温冻害灾后补救技术

2018 年 4 月 7 日凌晨，陕西猕猴桃产区出现低温冻害，猕猴桃萌发的春梢、叶片和花蕾受冻，造成严重损失。西北农林科技大学猕猴桃示范站、陕西猕猴桃体系专家迅速深入生产第一线，先后奔赴眉县、周至、岐山、扶风、杨凌、武功、临渭、华县等霜冻灾区，调查灾情、现场指导救灾。根据本次猕猴桃低温冻害发生状况，结合生产实际提出如下猕猴桃冻害灾后补救技术措施：

一、及时喷施补充营养修复冻伤，促进受冻树体恢复。受冻不太严重的果园，及时喷施生长调节剂如芸薹素、碧护等，和速效营养液如氨基酸整合肥、稀土微肥或磷酸二氢钾等，采用低浓度多次叶面喷施为宜，补充养分，促使树体恢复，同时加强果园土、肥、水管理，摘除部分受冻枝条花蕾，减少养分消耗，促使枝条恢复生长。

二、严重受冻园，加强土、肥、水管理，提高树体恢复能力。受冻严重的果园，由于新梢、叶片受损严重，出现枝梢、叶片干枯，失去吸收能力，暂不需喷施生长调节剂和速效营养液。加强果园土、肥、水管理，促使未萌发的中芽、侧芽、隐芽、不定芽的萌发，加快恢复树势，同时根据具体情况可适当选留花果。经 7~15 天恢复后，根据果园恢复程度再采取进一步措施，及时疏除冻死枝叶、未萌发的枝、染病枝等，促使树体恢复生产。

三、喷施杀菌剂，严防病菌从冻创伤处入侵感染加重危害。受冻果园植物组织冻伤后形成大量伤口极易染病，要及时全园喷施 3‰ 中生菌素水剂 800~1 000 倍液或 2‰ 春雷霉素水剂 800~1 000 倍液等杀菌剂防止溃疡病等感染，切记不要用无机铜制剂，防止药害造成二次伤害。

四、关注最近天气预报，若再有大幅降温，及时采取果园放烟或全园喷水等预防，防止再次降温加重冻害危害。

从此次低温冻害发生的程度来看，低温环境条件下，尤其是低洼和通风不畅的果园，猕猴桃树体萌发的春梢和叶片的抗冻能力不足，依靠自身的抵抗能力难以抵御低温危害，必须依靠外界温度条件的改善，及时放烟或全园喷水等避免大幅降温，做好冻害的预防。

五、严格果园管理，恢复树势。

1. 推迟抹芽、摘心和疏蕾，待天气稳定后，根据树的生长情况，进行抹芽、摘心、疏蕾，确保今年的枝条数量。

2. 及时追施含氨基酸、腐殖酸、海藻酸等肥料，补充根系生长发育所需的营养，促使萌发新枝。

3. 受冻果园夏季后期控旺管理。对于受冻恢复果园，由于生殖生长受损，营养生长会偏旺，夏季管理要控氮防旺长，促使枝条健壮生长，形成良好结果枝。

本次调研获得的数据也有力印证了这一观点。数据显示，80.19％的职业农民表示在完成所学课程之后，在生产中还会遇到一些问题。表 4-2 进一步显示对于在生产中遇到问题求助对象的问题有 21.59％的职业农民选择示范站专家，52.61％选择农技人员，30.02％选择乡土专家或示范户。可见，示范站农技推广体系包含的示范站专家、政府农技人员、乡土专家、示范户是职业农民在生产中遇到问题时的主要求助对象。

表 4-2　新型职业农民在生产中遇到困难时的求助对象

示范站专家	政府农技人员	乡土专家或示范户	合作社或者企业的技术人员	自己上网或看书解决	其他
21.59％	52.61％	30.02％	29.28％	31.02％	2.23％

眉县一位高级职业农民谈到："学习是无止境的，搞农业也一样。虽然我现在已经是一名高级职业农民，但我觉得我目前的知识还远远不够。我在生产和经营过程中还是会遇到新问题，我需要去吸收最新的知识和技术。所以，我经常与示范站的专家联系。他们特别平易近人，只要果农有问题问到他，他们都会耐心地讲解。原来想象的人家是专家，我们可能不好接触，但是事实上不一样，老师特别喜欢爱学的人。"

第5章 | 农技推广示范站培育新型职业农民取得的成效

5.1 引领地方农业主导产业快速发展

5.1.1 产业规模逐步扩大

由于示范站的有效指导和示范带动，地方农业主导产业的经济效益显著提升。大批农民纷纷开始种植猕猴桃、苹果和甜瓜，种植面积和产量有了飞速增长。本次调查中有 80.19% 的职业农民是在 2006 年西北农林科技大学示范站创建之后开始种植本地特色农作物的（眉县为猕猴桃、白水为苹果、阎良为甜瓜）。表 5-1 的数据进一步表明，超过 90% 的职业农民认为他们开始种植猕猴桃受到了示范站辐射效应的影响。同时，政府提供的宏观数据也直观反映了示范站对各地主导产业的影响。如阎良区甜瓜年种植面积，由 2006 年的 2.5 万亩发展到 2016 年的 6 万多亩；眉县猕猴桃种植面积，由 2006 年的 8.3 万亩发展到 2016 年的 30.1 万亩；白水苹果种植面积，由 2006 年的 43 万亩发展到 2016 年的 55 万亩。

表 5-1 职业农民开始种植本地特色农作物受到示范站辐射效应的影响

完全同意	同意	不好说	不同意	完全不同意
50.87%	43.42%	4.22%	0.99%	0.5%

5.1.2 产业技术日渐成熟

示范站为地方主导产业的发展提供了技术支撑，帮助产业实现了提质升级。

5.1.2.1 眉县猕猴桃示范站情况

眉县猕猴桃示范站建立以后，驻扎在示范站的西北农林科技大学专家团队对眉县猕猴桃产业进行了考察。结合眉县猕猴桃产业的实际发展情况，他们提出了猕猴桃标准化生产八大技术，即优选品种、科学建园、规范树形、配方施肥、充分授粉、合理负载、生态栽培、适时采收。而后经过完善和细化，形成了眉县猕猴桃标准化生产十大关键技术，即优选品种、规范建园、配方施肥、科学修剪、充分授粉、果园生草、合理负载、适期采收、病虫防治、生态示范。

(1) 优选品种。选择适应性、丰产性、抗逆性、市场需求较好的徐香、海沃德为主栽品种，稳定秦美面积，搭配发展红阳、金魁、金香、脐红、黄金果、金艳等新优品种，通过新建、高接换优等措施，逐步扩大眉县优良品种种植面积。对于中华猕猴桃等易感染猕猴桃溃疡病的品种应慎重发展，栽培时应适当集中，避免与美味猕猴桃品种混栽。发展观光旅游采摘的猕猴桃果园可选择软枣猕猴桃、毛花猕猴桃等即采即食、观花赏花等新特优品种。

(2) 规范建园。选择适宜地块（避免在行洪区、盐碱地、低洼地、风口建园），做好园地规划，栽前培肥地力。美味猕猴桃一般采用株行距3米×4米或3米×3米，亩栽80株；长势较弱的中华猕猴桃果园株行距采用2米×3米，亩栽植110株左右；所有果园，建园时按照8∶1比例配置授粉树；架型方面，幼树采用"T"型架，成龄树采用大棚架，架材要坚固耐用。

(3) 配方施肥。施肥原则是根据猕猴桃需肥规律，以有机肥（农家肥）为主，科学配比氮、磷、钾养分，增施中、微量元素肥料和生物菌肥，逐步减少化肥用量。施肥标准，一般亩产2 000～2 250千克优质猕猴桃的果园每年亩施入优质农家肥4 000～5 000千克、纯氮20千克、纯磷14～16千克、纯钾16～18千克。施肥方法方面，要逐步改变传统施肥方式，保护好猕猴桃的根系，采取多餐少食（少量多次）的施肥方法，重点示范推广水肥一体化施肥技术（通过灌溉系统或者利用打药机＋施肥枪，将猕猴桃所需养分按一定比例溶于水进行施肥，具有显著节水、节肥、省工的效果）。

(4) 科学修剪。除伤流期外，以夏剪为主，对猕猴桃实行全年修剪。幼树、初果期树以促进生长，扩大树冠，加快成形为主；盛果期树主要以调节树体生长和结果，调节营养运输和分配关系为主，达到树势均衡生长，防止大小年，使之持续丰产、稳产、优质、高效。留枝留芽量，一般每平方米选留 1～2 个结果母枝，每枝留芽量 15～20 个；亩留枝量控制在 1 100 个左右，留芽量 20 000 个左右。抹芽、疏蕾、疏果，萌芽后及时抹除背下芽，生长不良的芽子，每隔 15～20 厘米留一结果枝；猕猴桃花蕾分离后及时疏除侧蕾，保留主蕾，强壮枝留 5～6 个花蕾，中庸枝留 3～4 个花蕾；花后 7～10 天开始疏果，疏除小果、畸形果、病虫果，隔半月后再检查定果 1 次。

（5）充分授粉。 充分授粉是猕猴桃提质增效的核心技术。猕猴桃雌雄异株，只有雄株花粉粒充分接触到雌花的柱头才能授粉受精，而且猕猴桃花粉粒大，依靠风力授粉效果不好，必须依靠人工授粉和昆虫授粉。在猕猴桃花期综合采用人工对花、自制授粉器、电动喷粉器授粉、果园放蜂等措施，加强授粉工作，提高猕猴桃质量。自备花粉量不足时，可选购质量可靠的商品花粉进行授粉。有条件的果园可采用果园放蜂进行辅助授粉，一般选用黑蜂。经多年试验观察，黑蜂在猕猴桃果园授粉效果比壁蜂、熊蜂、意大利蜂等要显著。

（6）果园生草。 幼园套种生育期短、浅根、矮秆、高效经济作物，盛果期果园在行间播种毛苕子、三叶草。长到 3 厘米以上时割草覆盖树盘，增加果园有机质，改善果园小气候（保湿、保墒，夏季降低果园温度减少日灼、冬季提高地温），增加生物多样性（天敌）。目前眉县果园生草主要以种植毛苕子为主，一般在 10 月中下旬到 11 月上中旬或翌年 3 月底到 4 月中旬种植为宜，亩用种量 3 千克。

（7）合理负载。 要根据品种、树势、树龄确定合理的负载量。一般 3 米×4 米栽植的徐香、海沃德果园，单株留果量控制在 400～450 个，一般单果重 100 克左右，亩产量控制在 2 000～2 250 千克；2 米×3 米栽植的红阳果园，单株留果量控制在 100～150 个，一般单果重 70 克左右，亩产量控制在 750～1 000 千克。

（8）适期采收。 猕猴桃采收过早，风味淡、口感差，营养价值低，贮藏期、货架期缩短，甚至贮藏烂库，不利于猕猴桃产业的持续健康发展。眉县栽培的主要猕猴桃品种适宜采收期和采收指标为：红阳，9 月上旬采收，可溶性固形物应在 6.5% 以上；秦美，9 月底至 10 月上旬采收，可溶性固形物应在 6.5% 以上；徐香，9 月底至 10 月上中旬采收，可溶性固形物应在 6.5% 以上；海沃德，10 月中下旬采收，可溶性固形物应在 6.5%

以上。

（9）病虫防治。在确保果品质量安全的基础上以农业防治为基础，保护天敌，综合利用物理、生物、化学等防治措施，使用无公害植物源、生物源、矿物源农药，结合使用低毒、低残留的化学农药，严禁使用高毒、高残留农药。安装杀虫灯、进行果实套袋、引进示范推广捕食螨等以虫治虫、以菌治菌生物防治新技术；搞好防灾减灾工作，加强风害、冻害、晚霜冻害、高温危害、水灾等预防；建立防灾减灾预警制度，采取各项预防措施减轻灾害损失，灾害发生后及时采取补救措施减轻危害；积极参加农业保险。（风害预防：及时摘心，绑蔓；冻害预防：树干涂白，根颈培土，包树干，果园灌水；晚霜冻害预防：果园灌水，熏烟，喷防冻剂；高温危害预防：果园生草，合理利用杂草，及时灌水，果实套袋）

（10）生态示范。大力推广"果、畜、沼、草"生态模式，综合利用果园生草、畜粪生产、沼渣沼液、枝蔓粉碎堆沤还田、生物防治等技术，建成生态循环农业，生产有机果品，确保猕猴桃果品质量和安全，确保产业持续健康发展。

猕猴桃标准化生产十大关键技术是眉县猕猴桃示范站推广和示范的主要内容，同时也是眉县新型职业农民培育的核心内容。并且以眉县猕猴桃标准化生产十大关键技术为原型形成了《陕西省猕猴桃标准综合体》，成为陕西省的地方标准，在全省猕猴桃产区得到了推广应用。

5.1.2.2　白水苹果示范站情况

白水苹果示范站的农技推广工作可以分为两个阶段。

第一阶段为 2005—2012 年。

此阶段白水苹果示范站主要在白水县开展老果园的改造工程，针对苹果生产管理过程中存在的一些问题，从技术角度出发，示范站的专家们提出了老果园改造过程中的四大核心技术：改形修剪技术、花果管理技术、果园土壤营养管理技术、病虫害综合防治技术。

（1）改形修剪技术。在早期的老果园改造活动中，白水苹果示范站的专家经过对全县老果园的调查摸底，发现白水县老果园的果树行间距过密，而且在日常管理活动中，果农对果树没有进行合理修剪，这些问题最终导致老果园的郁闭现象严重。果园过于郁闭会影响果园的日常采光效果，致使果树难以完成有效的光合作用，影响果树正常的生长发育。尤其在苹果生长期关键的着色阶段，过于郁闭的果园，会导致苹果最终果面着色不均匀，苹果的品相难以满足客商的要求，最终导致苹果卖价偏低。与此同时，过于郁闭的果园在日常管理过程中增加了机械作业的难度，果园的行间距过密，导致一些专业性农业机械难以进入果园作业。单纯靠人工劳动管理果园，增加了人工投入成本和工作量。针对这些问题，白水苹果示范站的专家在白水县主要推行老果园间伐和老树的改型修剪。专家们结合不同果园的实际情况和自身科学实践的经验来确定每个果园的合理种植密度，制定合理的间伐方案。在基层政府的帮助下，组织果农将自家果园中多余的果树进行间伐，并对树形进行科学的改型修剪。经过对白水县老果园开展大面积间伐和树形改造，基本上解决了老果园普遍存在的果园郁闭问题，果树的行间距达到合理密度。果园光合作用的效果和果子的着色效果得到明显提升，同时，合理的果园密度使得机械化作业变得更加便利，降低了人工劳动投入成本。

（2）**花果管理技术。**这项技术推广的主要目的在于改善传统的授粉方法。在推广这项技术之前，白水县果园果树授粉的花粉来源于果园内同品种的果树。但是从科学角度来讲，苹果树属于异花型果树，需要在授粉过程中采用不同的品种果树的花粉进行授粉。但是传统的授粉方法忽略了苹果的这一生理特性，果农往往在一片果园中都栽种同一品种，最终导致整个果园不结果或者苹果产量很低，影响整个白水县的苹果产量。白水苹果示范站对白水苹果产业在授粉环节中存在的问题进行专项攻克。在实际观察和试验过程中，白水苹果示范站的专家们发现花粉来源问题是苹果授粉环节的一大技术难题。传统的授粉活动中，果农自行采花粉进行授粉的方式不但难以满足苹果树异花授粉的需要，而且在时间上错过了果树授粉的最佳阶段，最终导致整个授粉环节难以合理有效完成，影响了整个果园的苹果产量。为了解决授粉花粉难以短时间有效采集的问题，白水苹果示范站专家经过实际的科学研究，研发出一种花粉加工技术，在示范站内建设专门的花粉加工车间，用以加工生产授粉环节中所用的花粉。在采集花粉过程中，利用陕西省不同苹果产区在纬度、气候、主栽品种的差别，进行花粉的采集。比如，在陕西省由于地理位置和气候的原因，不同地区的花期最起码要差四五天时间，陕北地区与渭北平原地区的花期甚至相差半个月左右。另外，不同地区的主栽品种也有差别，陕西富平县栽种嘎拉面积较大，其他一些地区栽种秦冠面积大一些。示范站的工作人员充分利用好不同产区的花期长短和品种差异，将苹果花期较早地区不同品种的苹果花粉进行提取加工，等到白水县苹果花期到了之后，再进行人工授粉。这样的授粉方式，充分利用了陕西省不同苹果产区花期长短的时间差，解决了在短时间内难以采集有效花粉的难题，满足了苹果树异花授粉的生理特征，攻克了白水苹果在授粉环节的技术难题，实现了高质量的有效授粉，从根本上保证了白水苹果产目标的正常达成。

(3) 果园土壤营养管理技术。 苹果生产过程中，不仅需要推广整形修剪、花果管理这些树上管理技术，更需要果园土壤的营养管理这一地下管理技术。经过长时间的科学研究和生产实践，苹果产量过低的问题得以解决，但是随着产量的提高，整体苹果的质量却开始下降。苹果品质下降的原因是由于果农片面追求果园高产，在施用肥料的过程中大量单一使用某种化学肥料，造成土壤板结，土壤中有机质含量逐渐降低，最终导致土壤中的营养成分不足以满足苹果正常生长的需要。为了改善白水苹果果园的土壤环境，白水苹果示范站的专家大力推行在果园施肥环节使用有机肥，倡导平衡合理施肥来改善土壤结构。同时大力推广果园生草技术，来补充土壤中的有机质。通过示范站专家的不懈努力，农户开始转变施肥方式，并大面积采用果园生草技术。果园的土壤环境逐步改善，土壤中有机质含量上升，果园产出苹果的品质也得到明显改观。

(4) 病虫害综合防治技术。 这一阶段的病虫害防治技术主要是针对苹果早期落叶病和腐烂病。这两种病害曾经在陕西省内大面积流行，严重影响了苹果的产量和品质，并且造成整体树势衰弱，对整个苹果产业造成极为恶劣的影响。白水苹果示范站针对这两项病害开展了专门的科研立项，进行攻关，最终经过不懈努力，找到了攻克苹果早期落叶病和腐烂病的方法，通过推广综合防治和统防统治，使得这两项病害的发病率明显降低。

在白水苹果示范站对老果园改造技术的示范推广下，白水 30 余万亩乔化郁闭园已基本完成技术改造，亩均效益增加 1 倍以上，在陕西辐射推广 200 余万亩。陕西白水已成为全国乔化苹果园提质增效改造技术推广应用的示范典型。

第二阶段为 2012 年以后。

此阶段白水苹果示范站的工作重心转移到试验推广旱地矮化栽培技术

上来。经过白水县农技推广部门和示范站专家的不断推广，矮化技术逐步成为白水苹果产业中的主要技术。截至 2016 年，白水县对外公布的矮化种植的面积已经达到 17 万亩。白水县在矮化果园的新建面积上，走在了全国苹果产业发展的前列，成为陕西省旱地矮化密植苹果面积最大的地区。

5.1.2.3 阎良甜瓜示范站情况

阎良甜瓜示范站建站以来，针对甜瓜产业存在的问题，重点从穴盘基质育苗、大棚甜瓜配方施肥、多层覆盖、甜瓜整枝留果、大棚温湿度管理、大棚甜瓜病虫害综合防治、秋延后甜瓜技术七个方面突破，开展了技术研究与示范推广工作，解决了甜瓜产业发展中的关键技术难题。

(1) 穴盘基质育苗技术。 2006 年建站以前，农户甜瓜育苗普遍采用火炕营养土钵育苗法育苗，温度不易控制，育苗的难度大，苗子质量差，土传病害发生严重，成苗率低，安全事故时有发生。并且营养钵体积大，比较重，移栽费工费时，定植质量不易保证，成活率低。育苗问题一直是制约甜瓜产业发展的重大难题。2007 年试验示范站开展了穴盘基质育苗研究工作，在设施内铺设地热线设置苗床，塑料穴盘内填装基质，采用干籽直播、洒水保湿、三高三低温度管理等技术措施进行育苗，取得了可喜成效。穴盘基质苗子健壮，无病虫，便于运输，定植时非常方便，省工省时；定植质量高，根系保护好，成活率高，不用缓苗；而且上市早，迅速被广大群众接受。在阎良区政府的大力支持与推动下，截至 2015 年全区新建育苗点 20 多个，大型育苗温室 1 个。通过技术培训与指导，甜瓜穴盘基质育苗技术得到迅速推广，技术普及率达 95% 以上，彻底解决了产业发展的瓶颈问题。

(2) 甜瓜配方施肥技术。 虽然阎良区农户种植甜瓜已有将近 30 年的历史，但是对土壤成分以及甜瓜种植所需要的养分都不是很清楚，完全凭经验种植。示范站在分析阎良区 876 个土样测定结果的基础上，开展了大棚甜瓜施肥配比、施肥量及施肥时期等试验研究，制定了阎良区大棚甜瓜"有机肥 2～3 米³，生物菌肥 40 千克，氮 16～18 千克，磷 8～9 千克，钾 16～18 千克，锌、硼各 0.5 千克"的施肥方案。通过技术培训、示范推广配方施肥技术 5 万余亩，技术覆盖率达 95% 以上。

(3) 多层覆盖技术。 示范站试验表明，大棚内每覆盖一层薄膜，地温提高 1.5℃，甜瓜提早上市 5～7 天。结合大棚设施改进，我们重点示范、推广了 4 层覆盖技术，目前，阎良区 4 层覆盖种植甜瓜占总面积的 55% 左右。

（4）甜瓜整枝留果技术。示范站研究了甜瓜单蔓、双蔓、三蔓整枝和不同留果节位对甜瓜上市期和商品果率的影响，总结并推广了大棚甜瓜单蔓整枝留 2 果、双蔓整枝留 3 果的技术，使甜瓜上市期提早了 5～7 天，商品率提高到 90% 以上，技术普及率达 95%。

（5）大棚温湿度管理技术。示范站通过研究大棚内温、湿度相互作用对甜瓜生长发育的影响，在阎良区推广了温湿度管理技术：晴天应减少通风提高温度，通过浇水增加湿度，积蓄热量，平衡地温，促进甜瓜生长，从而提早上市；甜瓜坐果以后，阴雨天加强通风排湿，降低温度，有利于防止病害发生。这项技术在阎良已经普及。

（6）大棚甜瓜病虫害综合防治。示范站研究了大棚甜瓜蔓枯病、霜霉病、细菌性叶斑病等主要病害发病规律，试验筛选了不同病害的特效药剂，并明确最佳防治时间，提出了六个注重的防治措施。并且开展了农药、病理、虫害等基础知识培训，印发了 10 000 余份技术资料。通过培训，专家深入田间地头，指导群众对症施治，预防病虫害，使阎良甜瓜产区的病虫害防治水平迈上了新的台阶。

（7）秋延后甜瓜技术。示范站通过试验表明，阎良区秋甜瓜播种适期为 7 月 1 日至 5 日，苗期需遮阴，利用跨度较大的拱棚两边加防虫网，重点抓好防虫工作。甜瓜可在 9 月下旬上市，冰糖雪梨、白玉 28 等厚皮甜瓜品种抗病、耐高温、品质好，适宜秋延种植，亩产量 2 000 千克左右，产值可达 4 000 元以上，已被群众接受，将逐步推广。

通过以上七大关键技术的研究与示范推广，以及嫁接育苗、生物菌肥、设施环境控制、灾害性天气应对等系列技术研究与应用，示范站为甜瓜产业提供了有力的技术支撑，起到了技术引导和推动作用。甜瓜上市时间由过去的 4 月下旬提前到 3 月上旬，并可延迟至 10 月 1 日，种植效益逐年增加。

5.1.3　产业品种结构更加合理

示范站设立之前，各地的农业主导产业都普遍面临着品种单一、缺乏竞争性的问题。眉县猕猴桃示范站的专家团队一直在进行品种选育和种质资源收集评价工作，在示范站建站前，就对秦巴山区野生资源进行了调查，发现 62 个优良单株，先后选育出秦美、秦翠、哑特、金香、秋香等优秀猕猴桃品种；建站后，示范站专家团队收集种质资源 27 个种（变种），杂交组合 22 个，获得 22 000 个杂交后代，并通过近十年的初选、决选和区域试验，陆续成功选育出 4 个猕猴桃新优品种：农大猕香、农大郁香、农大金猕和脐红。这些工作极大地丰富了眉县猕猴桃的品种结构。由图 5‑1 可以看出，2006 年眉县品种结构极不合理，秦美是主栽品种，种植面积占 75%，但秦美为晚熟品种，虽然抗性好、产量大，但是品质较差。图 5‑2 显示，2016 年眉县徐香的种植面积占 48%，海沃德的种植面积占 27%，秦美仅占 13%，基本被淘汰。由图 5‑3 陕西省历年主栽品种价格也可以看出，秦美的价格一直以来都远低于徐香、海沃德等品种。眉县猕猴桃示范站设立之后，从全国各地引进优秀的猕猴桃品种，在示范站的品种园进行试验，选择在本地表现好的品种加以示范推广。经过十年的发展，眉县形成了新的生产格局：以品质好且产量大的徐香、海沃德为主栽品种，以品质极佳但对栽培管理技术要求高的红阳、华优、金魁等为搭配品种，示范推广金农、农大猕香等储备品种，试验发展软枣、脐红等新优猕猴桃品系。

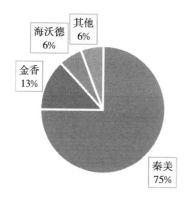

图 5‑1 2006 年眉县猕猴桃品种结构

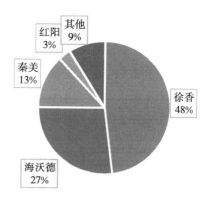

图 5‑2 2016 年眉县猕猴桃品种结构

眉县种植脐红品种猕猴桃的示范户谈到："脐红这个品种产量低，单价高，单价能达到一斤十块钱。这个树不好管理，容易得溃疡病。我务这个品种的信心来源于刘占德老师的大力支持。举个例子，像脐红这样的新

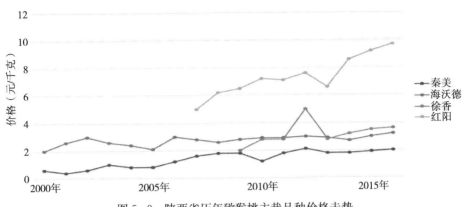

图 5 - 3　陕西省历年猕猴桃主栽品种价格走势

品种，很多客商不知道，就算这个品种很好，很高端，但是因为不了解，客商都不来买。前几年都是刘老师亲自过来采购，解决销售问题，最近几年也都是他的学生小高过来收。猕猴桃的销售我就没管过，都是他们解决。今年刘老师还带着新西兰的专家过来考察脐红猕猴桃的情况，在地里就跟我说，'你就只管务桃就行了，其他不用管，不用操其他心'，这就相当于给我吃了一个定心丸，卖桃这块不用操心，给的价格我也满意，这坚定了我务脐红猕猴桃的信心。所以我也比较精心，最好的效益还是刘老师收的最后一年，两亩半脐红的收益达到了八九万块钱，这几年因为病害、自然灾害，效益平均也在一万五千块钱以上。通过和示范站联系，我对新品种也不再排斥。后面还引进了几亩农大金猕，是黄心的猕猴桃，口感特别好，顾客吃过之后都反映和脐红不差上下。"

甜瓜示范站在甜瓜优良品种选育与示范推广方面做得尤为突出。2006年之前的阎良同样也面临着品种单一、品质差、经济效益低的问题。为了解决此问题，示范站的专家团队一直开展甜瓜品种资源的搜集、鉴选和创新工作，每年利用示范站设施种植春、秋两季甜瓜，分类鉴选甜瓜优良株系 300 个以上，20 000 多株苗，对苗期、伸蔓期、开花坐果期、膨大期、成熟期的表现进行观察记载。对授粉标记的果实分期采收，对单株产量、果实性状进行详细的调查、记载和拍照，将种子逐一淘洗、晾晒，登记重量、大小、颜色、形状等信息，干燥低温保存，对所有资料进行整理和保管。现已育成了厚皮甜瓜系列和薄皮甜瓜系列等满足不同市场需求的甜瓜新品种 60 多个。早熟蜜瓜、绿皮绿肉薄皮甜瓜的育种属国内领先水平，为阎良甜瓜提档升级做好了核心技术储备。鉴定登记了早熟抗病优质的西甜208、西农早蜜1号，优质丰产抗病耐贮运且具哈密瓜风味的千玉1号、西农脆宝，以及早熟抗病丰产的陕甜1号、陕甜9号等6个甜瓜新品种。根据品种特征特性总结出了6套优质高效栽培技术方案。其中选育的白皮白肉厚皮甜瓜新品种西农早蜜1号，早熟性突出，开花后25天上市，含糖量16%～18%，耐贮运性好，客商喜欢，迅速被群众接受，占阎良区栽培面积的60%以上，已成为陕西省早春茬大棚甜瓜的主栽品种。选育的白皮红肉厚皮甜瓜新品种千玉1号，熟性早，品质优，货架期长，有哈密瓜的风味，经过近几年示范推广，年栽培面积达1万亩以上，已成为陕西省温室吊蔓栽培的主栽品种之一。示范推广的西农早蜜1号、千玉1号、西甜208、陕甜1号等6个甜瓜优良新品种，仅阎良区年种植面积达5万亩以上，占全区总面积的90%以上，淘汰了一批品质差的品种，实现了阎良区甜瓜品种的更新换代。

同样，白水苹果示范站在苹果优良品种选育和技术推广方面也取得了巨大成效。2019年7月，西北农林科技大学赵政阳教授团队育成的两个优质晚熟苹果新品种瑞阳和瑞雪通过国家审定，这是陕西省首次通过国审的拥有自主产权的苹果品种，也是西北农林科技大学继20世纪70年代成功培育出秦冠苹果以来在果树育种领域的又一重大成果。陕西是中国苹果大省，我国苹果产量目前占全世界的55%左右，但90%以上为国外引进品种，我国自主培育品种占比不到10%。20世纪70年代，西北农林科技大学专家育成秦冠苹果，在我国大面积示范推广。这种苹果丰产、抗病、易管理、耐贮藏，但最大的缺点是口感不佳，而品质好却是红富士苹果最大的优点。自20世纪80年代我国引进日本红富士后，红富士逐渐成为我国及陕西省第一大主栽品种。为培育出既有秦冠苹果丰产性，又兼具或超过红富士苹果品质，能够替代红富士的自主新品种，经过近20年的艰苦探索，赵政阳研究团队采用杂交育种方法，按照"少组合、大群体"和"阶梯式选择"的育种思路，成功培育出瑞阳、瑞雪两个新品种，实现了苹果杂交育种的新突破。

据赵政阳教授介绍，瑞阳苹果为优质、丰产、晚熟、红色品种，由秦冠和红富士做亲本杂交选育，综合了秦冠和红富士的诸多优良性状。其果实圆锥形，果个大，果面洁净，易着色，色泽艳丽；果肉细脆，香甜可口，品质优良；丰产性强，可连年高产、稳产，易管理，可免套袋栽培，适宜规模化种植，在黄土高原高海拔地区表现尤为突出。瑞雪苹果为优质、晚熟、黄色品种，由秦富 1 号和粉红女士做亲本杂交选育。该品种特色明显，果实肉质细脆，酸甜适口，风味浓郁，具独特香气，品质极佳；果形端正高桩，果面光洁，外观美；成熟期晚，极耐贮藏；树体具短枝特性，丰产性强，适应性广，在我国苹果主产区均可推广栽培。

瑞阳和瑞雪苹果品种于 2015 年通过陕西省果树品种审定委员会审定，2017 年通过甘肃省林木良种审定委员会审定。2018 年 10 月，在首都北京举办的陕西白水苹果宣传推介会，瑞阳和瑞雪苹果正式亮相人民大会堂。目前这两个品种已申请获得国家新品种保护。专家认为，其早果性、丰产性、果实品质等综合性状超过红富士，在陕西渭北、陕北地区及同类生态区发展前景广阔，有望成为黄土高原产区苹果更新换代最具潜力的主栽品种。

2017 年 9 月底，西北农林科技大学着眼于苹果全产业链力量的抱团协作，牵头成立了"瑞阳、瑞雪苹果推广联盟"，以破解新品种推广难题，探索果树新品种推广开发和品种产权保护的新路子，促进我国苹果产业健康发展，当时陕西、甘肃等苹果主产区从事苹果苗木生产、种植、营销及服务的各相关企业及合作社共 30 家单位加盟。2019 年 9 月，以联盟为基础，"杨凌西北农林科技大学瑞雪瑞阳苹果发展联合会"注册成立，将原来松散的组织作了进一步规范，会员单位已扩大到陕西、甘肃、山西、山东四省共 52 个。赵政阳教授介绍，瑞雪、瑞阳在全国的推广面积已达到 8 万亩，"北到陕西靖边，南到云南，东至山东，西至西藏林芝，凡是种植苹果的地方都有它们的身影"。2019 年，陕西以及全国苹果大丰收，但受春旱秋涝等气候影响，红富士等传统品种商品率低，其收购价徘徊在每千克 4 元左右，而瑞雪和瑞阳的优势突出，收购价在每千克 10 元至 16 元。秋林合作社理事长林秋芳说，仅她自己家 4 年果龄的 20 亩瑞雪和瑞阳苹果园，当年将产果 5 万余千克，预计收入超过 40 万元。

5.1.4　产业品牌价值逐年提升

西北农林科技大学试验示范站为地方主导产业提供了技术支撑，同时也帮助地方县区成功打造区域品牌。眉县猕猴桃、白水苹果、阎良甜瓜的宣介会、宣传片以及相关报道中都经常可以看到西北农林科技大学专家的身影。例如：眉县猕猴桃示范站专家团连续两年加入杨凌国际马拉松赛"眉县猕猴桃跑团"，助力眉县宣传"眉县猕猴桃"。2018年杨凌国际马拉松赛上，猕猴桃示范站专家团队与眉县猕猴桃技术干部、乡土人才、职业农民及猕猴桃企业员工身着"眉县猕猴桃"标志短袖，由猕猴桃果实萌宝队、西北农林科技大学猕猴桃专家队、猕猴桃花冠队、猕猴桃团旗队和参赛队员组成"眉县猕猴桃跑团"方阵，伴随着"眉县猕猴桃，酸甜刚刚好"的宣传口号，奔跑在杨凌国际马拉松的迷你马拉松赛道上，引起社会广泛关注。参加马拉松赛的该校钱永华副校长和猕猴桃示范站专家团队一起宣传眉县猕猴桃，扩大了眉县猕猴桃的影响，提升了知名度。2018年10月18日，北京人民大会堂举行了陕西白水苹果产业宣传推介会。这是时隔26年后，白水苹果再次走进人民大会堂向全国甚至全球进行推介。在此次推介中，白水苹果以"让世界共享·白水苹果梦"为主题，着重展示白水苹果新时代的新品种、新模式、新成果和新的产业态势。其中，西北农林科技大学白水苹果示范站首席专家赵政阳教授对历经20余年辛勤培育，诞生于白水，拥有自主知识产权的苹果新品种瑞阳、瑞雪进行了隆重推介。

在西北农林科技大学示范站的推动下，各地方主导产业的品牌影响力和价值逐年提升。截至2019年，眉县已举办8届中国陕西（眉县）猕猴桃产业发展大会。连年参加中国-东盟博览会、中国国际农产品交易会、全国名优果品交易会及中国-亚欧博览会等大型推介会。眉县猕猴桃受到中央电视台多档农业节目、凤凰网、新华网等知名传媒的关注，品牌影响力显著提升。"齐峰缘""眉香金果"获得陕西名牌产品。眉县猕猴桃多次荣获"最受消费者喜爱的中国农产品区域公用品牌""最具影响力中国农产品区域公用品牌"。2016年12月12日，经国家权威部门评估认证，眉县猕猴桃品牌价值达到98.28亿元。2018年，"眉县猕猴桃"入选首届"中国农民丰收节"百强品牌，荣获全国百强区域公用品牌，位居排行榜第40位；获得"国家气候标志"认证，荣登"2018年度中国果业最受关注的优质品牌榜"，入选《百强品牌故事》。眉县猕猴桃正在成为"眉县招牌、陕西名片、国家品牌"。白水县先后荣获"中国苹果之乡""全国绿色食品原料（苹果）标准化生产基地""中国有机苹果第一县""国家级出口苹果质量安全示范县"等 80 多项殊荣，"白水苹果"品牌估值 48.46 亿元，位居全国各农产品品牌前列。2017 年中标厦门金砖五国会议全球采购唯一供应苹果。2018 年 4 月白水苹果正式入选央视国家品牌计划。2018 年 10 月 1 日起央视精准扶贫广告——"白水苹果"正式上线，作为 CCTV "国家品牌计划——广告精准扶贫"项目推介产品在央视 8 个频道同步亮相。2019 年 11 月 15 日，白水苹果入选中国农业品牌目录。"阎良甜瓜"也已经成为家喻户晓的知名农产品，先后荣获"全国十佳农产品"品牌、国家级绿色食品、杨凌农高会"后稷奖"等多项荣誉称号。2010 年，阎良被中国农产品流通协会授予"中国甜瓜之乡"殊荣，并于 2010 年获得国家农产品地理标志登记证书。为了更好地打造"阎良甜瓜"地标品牌，提升品牌价值，带动乡村振兴，经过正式申请，"阎良甜瓜"地理标志证明商标于 2018 年 11 月由国家知识产权局核准注册。2019 年 4 月，阎良甜瓜地理标志证明商标正式启用。

5.2　提升新型职业农民的人力资本水平

"人力资本理论之父"舒尔茨提出，人力资本是农业经济增长的主要动力，取决于农民能够学会并有效使用现代农业要素。对农民进行投资，使其获得必要的知识与技能，进而促使现代农业经济的增长（舒尔茨，1987）。因而，开展农民培训活动是对农民进行的教育投资，是提升人力资本水平的体现。示范站开展的农技推广和新型职业农民培育工作有效提升了各类新型职业农民的人力资本水平，主要体现在新型职业农民传统观念和生产行为发生转变、农业生产和服务技术水平得到提升、农业经营管理能力得到提高三个方面。

5.2.1　传统生产观念发生转变

西北农林科技大学示范站设立初期，由于眉县猕猴桃产业、白水苹果产业和阎良甜瓜产业发展较早，当地农民普遍具有一定的技术基础，在农业生产中相信自己的传统经验，因而不太容易接受新技术，对专家教授不信任。面对此情况，示范站的专家并没有气馁，而是继续扎根一线，尊重老果农，积极与老果农进行技术经验交流。经过长期努力，示范站专家与果农们形成了良好的互动模式，农户也开始信赖专家，愿意接受西北农林科技大学专家传授的新思想和新技术。

例如，在白水苹果示范站建立初期，农技推广的主要工作是改造老果园，其中最关键的是对老果园进行间伐。由于缺乏科学的管理技术，很多老果园果树间距和行距很密，果园郁闭现象严重，这直接影响果园的产量和果实品质。进行果园间伐，可以改善果园郁闭现象，提高果园通风水平和光合作用效果，进而提高果园产量和果实品质，以提高果农的经济效益。但是，果农从事苹果种植的传统思维根深蒂固，他们认为，果园苹果树的数量多，从而苹果产量也很可观，所以，最终也会取得可观的经济效益。况且，当时都是生长了将近30多年的老果树，许多果农从内心根本无法接受这些果树被砍伐。所以，传统经济思维的禁锢和对果园的情感因素成为老果园改造工作面对的现实困境。同时，由于果园间伐后的效益会在第三年才会有质的突破，间伐技术的经济效益需要时间验证。示范站专家面对这种情况，与各自负责的示范户进行协商，对其少量果园进行先行示范性改造，并承诺如果遭受损失给予相应补贴。由于进行果园间伐的示范户在一定年限后，果园提质增效的效果显著，示范站专家取得了示范户和果农的进一步信任，果农传统的生产观念发生了转变。

本次调查也有力地证明了以上观点，有96.08％的职业农民表示愿意使用农业新技术、新品种。对"您开始扩大土地经营规模、开始使用机械、开始重视农产品品质、开始生产无公害绿色有机产品受到了示范站开展的新型职业农民培育工作的影响"的问题，职业农民选择完全同意的比例分别为51.12％、47.15％、46.4％、60.3％，选择同意的比例分别为36.72％、42.93％、39.21％、36.97％（图5-4）。

眉县职业农民LDF谈到："西北农林科技大学示范站对眉县猕猴桃产业的影响是很大的。以前专家下来培训指导，农民都认为他们是坐办公室的，书本上的知识不管用。现在就不一样了，不管是否参加了新型职业农民培训，农民现在对科学和技术是十分渴望的。现在农民收果的时候都会互相帮助，这个过程中看见谁家果子种得好了都会互相交流，各方面的技术都会互相交流。像我今年搞这个环割技术，有人过来问，我都会给他讲，如果不是咱用过，咱也不会给别人讲。老师下来培训指导也提倡我们

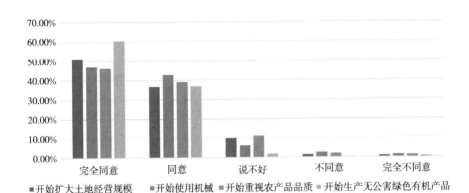

图 5-4　示范站开展的新型职业农民培育工作对新型职业农民
传统观念和生产行为转变的影响调查

互相交流。我们去听课了，我们不可能全部记住，每个人记一点，下来我们一交流就都了解了。"

阎良职业农民 ZXC 谈到："示范站设立以前，阎良的瓜农在每年甜瓜上市的时候一味地追求赶早，但是早上市的甜瓜品质不好，口感很差。示范站建立以后就指导我们要务高品质、高产量的瓜，这样在市场上才能健康发展，如果瓜品质不好的话，这个外地客商和消费者尝了这个瓜之后，发现这个阎良甜瓜不是那么好，以后就不来阎良收瓜了。经过站上的指导，现在大多数瓜农已经把思想改变了，就是要种高品质、高产量的瓜。渐渐的阎良甜瓜在外地市场的占有量提高了，我们的瓜农的收入也稳定了。原来的收入不稳定，可能一年卖得好，一年卖得不好，卖不好一亩地收入三四千块钱，但现在收入就可以稳定在一亩地七八千了。"

眉县职业农民 YMT 谈到："在思想观念上，示范站对我们的影响是特别大的。我们果农之前只重视产量，就出现了增产不增收的情况，后来西北农林科技大学老师就给我们讲必须把质量搞上来，产量得控制，如果内在品质好，就可以把这个品牌打出去。所以我们现在就都重视品质了，重视猕猴桃的口感。在施肥上，现在用的都是有机肥，以前用得少。还有诚信也是一个方面，这也是在参加培训之后转变的，培训时老师也会讲这方面的内容。像现在我儿子在网上销售猕猴桃，我就跟他讲可以少卖一点，但是质量是一定要保证的。"

综上所述，调查问卷中针对以上三个方面的问题，均有超过 85% 的职业农民同意示范站进行的职业农民培育工作对其产生了积极影响。可见，在示范站的作用下，职业农民的农业生产服务技术和农业经营管理能力得到了提高、传统观念和生产行为发生了转变，人力资本水平得到了全面的提升。

5.2.2 农业生产和服务技术水平得到提升

现代农业发展要求从事不同产业生产的农民具有不同的专业技能，示范站通过对先进技术的示范使得不同类型职业农民的农业生产和服务技术得到了提高。调查数据显示，对"示范站开展的新型职业农民培育工作对您在栽培技术、施肥技术、植保技术、农机应用技术、收获贮藏技术、农产品加工技术、农产品销售能力的提高有帮助"的问题，农民选择"完全同意"的比例分别为 58.56％、56.33％、55.58％、56.58％、54.09％、53.35％、56.08％，选择同意的比例分别为 37.97％、40.94％、40.45％、39.21％、38.46％、40.2％、37.72％（图 5-5）。

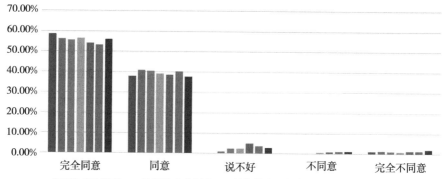

图 5-5　示范站开展的新型职业农民培育工作对新型
职业农民农业生产服务技术的影响调查

眉县职业农民 WQ 谈到："我种植猕猴桃有 15 年了，之前用的就是传统的几种方式。一年下来效益不怎么好，对溃疡病等病虫害防治也不太清楚，也治不好。地里面施肥也没有一个目标，产量也上不去。我通过参加新型职业农民培育学习了很多新的技术，像我地里现在施肥都用的是水肥一体化技术，施肥施的量少了，节省了成本，同时施肥的劳动强度也降低了，降低了三分之二还多。而且，肥料的利用率也提高了百分之七八十。培训完这几年以来效益确实不错。树长得一年比一年好，产量也一年比一年高，病虫害也一年比一年轻。"

5.2.3　农业经营管理能力得到提高

现代农业的发展需要培育一批种植大户、家庭农场、农民合作社、农业龙头企业等新型农业经营主体。因此，新型职业农民不仅需要过硬的农业生产技术，还要具备一定农业经营管理能力。调查数据显示，对"示范站开展的新型职业农民培育工作对您在家庭农场、农民合作社或农业企业的创办与管理，生产成本核算与节本增效，农业信息技术应用，农业标准化与农产品质量安全，农产品市场营销与品牌创建方面提供了帮助"的问题，农民选择"完全同意"比例分别为 47.39％、45.66％、49.88％、48.39％、50.62％，选择"同意"的比例分别为 38.71％、43.18％、42.93％、43.92％、42.43％（图 5 - 6）。

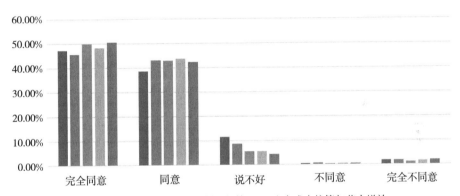

图 5 - 6　示范站开展的新型职业农民培育工作对新型
职业农民农业生产经营管理能力的影响调查

5.3　农民收入大幅增长，让农民成为有吸引力的职业

促进农民增收，是培育新型职业农民的最基本任务（朱启臻，2016）。示范站大力推广标准化种植栽培技术以及优良品种，使得地方农业主导产业的种植效益不断提高，农民的收入也随之大幅攀升。数据显示，眉县果

农人均猕猴桃收入从 2006 年的 846 元提高 2016 年的 9 800 元，白水果农人均苹果收入从 2005 年的 980 元提高到 2016 年的 6 500 元，阎良区的甜瓜亩均收入由 2005 年的 4 000 元增长到 2016 年的 8 500 元。同时，本次调查获得数据显示，41.19％的职业农民表示从事农业获得的收入可以满足家庭所需，72.21％的职业农民愿意终身从事农业，58.56％的职业农民不反对子女留在农村从事农业。从这些数据可以看出，眉县、白水、阎良等地的农户收入比较可观，使得大部分职业农民愿意终身从事农业，超过半数的职业农民不反对子女留在农村从事农业。并且，良好的经济效益吸引了大量的农民工、退伍军人、大学生返乡从事农业，成为职业农民。本次调查数据显示，42.92％的职业农民是返乡的农民工、退伍军人、大学生，60.3％的职业农民认为本地的农业发展优于其他地区。由此可见，地方农业主导产业的兴旺增强了农民的自豪感和归属感。

眉县职业农民 LK 谈到："我以前是干兽医的，后来因为三鹿奶粉事件牛奶没人要了，这个产业就没法搞了。然后家里边有猕猴桃，咱们眉县又以猕猴桃为支柱产业，效益也挺好，再加上父母也随之年迈，我就把这个接力棒给接过来了。我最开始不懂，父母用的是传统果园管理方式，猕猴桃品质不好。所以说 2014 年我就报名参加了新型职业农民培训。通过学习，可以说现在整个猕猴桃管理周期的技能我都能非常熟悉运用。并且之前效益不是特别好，去年我园子里面有八亩地猕猴桃结果，毛收入为 14 万元人民币，我对这个收入是特别满意的。"

阎良职业农民 HMH 谈到："我 2006 年毕业于西安工学院，毕业之后在沈阳做销售工作，工资不高离家也远。当时我看到阎良这边种甜瓜收益很不错，我就在 2008 年年底回来种甜瓜了，我现在的收入要比上班高很多。我搞农业是从零开始的，甜瓜示范站对我的帮助很大，给我解决了育苗、施肥等一系列的问题。如果我有问题会随时跟示范站的老师交流，我能取得现在不错的经济收入要得益于我经常跟着示范站老师学习。"

综上所述，西北农林科技大学示范站开展的新型职业农民培育工作促进了农民增收，提高了地方农业主导产业的经济效益，同时也让农民成为有吸引力的产业，让农业成为有奔头的产业。

5.4　示范站培育的优秀新型职业农民案例

5.4.1　阎良高级职业农民张小平*

"种甜瓜，找小平，保你赚的不得停"，这是中国早春厚皮甜瓜第一生产基地——陕西省西安市阎良区瓜农称赞前科农瓜菜专业技术协会党支部书记、理事长张小平依靠科技带领大家致富的一句顺口溜。

张小平，男，西安市阎良区关山人，汉族，1964 年 10 月出生，2006年 7 月加入中国共产党，生前系阎良区科农瓜菜专业合作社党支部书记、理事长。先后被评为"陕西省优秀共产党员""陕西省劳动模范""高级职业农民""陕西科技致富带头人"，他曾创造了阎良甜瓜平均亩产值近万元的奇迹，创建了科农瓜菜专业技术协会，带富了当地百姓，被大家亲切地称为"甜瓜大王"。2018 年 6 月 9 日，张小平同志因病去世，年仅 53 岁。

张小平生前是一个有着接近 30 年工龄的"老瓜农"。初中毕业后，张小平回到了家乡关山镇北冯村，当起了一个地地道道的农民。但是，张小平又是一个"不安分"的农民。20 世纪 80 年代初，当人们还在想方设法提高粮食产量时，"不安分"的张小平却另辟蹊径搞起了薄皮甜瓜的种植。1983 年，张小平和父亲排除家人的阻挠，在自家的自留地里种了 1 亩白兔娃薄皮甜瓜。从瓜秧栽到地里开始，张小平就夜以继日像看自己孩子一样侍弄着这些白兔娃薄皮甜瓜。功夫不负有心人，由于张小平父子俩的精心培育，当年就收入了 2 000 元，达到了"一亩园，十亩田"的收益。但是，那时的甜瓜皮薄、不易运输和储存，限制了甜瓜的种植规模，张小平也因此陷入苦恼当中。

1999 年，第六届农高会在杨凌举办，张小平只身前往。他在会上购回 3 小袋厚皮甜瓜西农早蜜 1 号的种子，于 2000 年春季在自家田里开始试种了 1.5 亩，另外还种了 1.5 亩的薄皮甜瓜品种白兔娃。到了甜瓜收获的季节，两者一比较：厚皮甜瓜西农早蜜 1 号的亩收入 6 000 元，薄皮甜瓜白兔娃的亩收入 2 000 元。收益的明显对比以及厚皮甜瓜汁多瓤沙、味甜清脆、耐储运的特性，使张小平认识到了新科技的力量。2002 年以后，

---

* 参见：陕西省农业农村厅，高级职业农民张小平事迹，2015 年 4 月 27 日，http：//nyt. shaanxi. gov. cn/www/fczs5896/20150427/301649. html。

阎良区甜瓜面积逐年增加。2006 年 10 月，区上组织包括张小平在内的部分甜瓜种植专业户在西北农林科技大学进行了为期 7 天的甜瓜栽培新技术学习。学成归来翌年，张小平就在自家瓜地里大胆试点双蔓整枝新技术，取得了成功：当年甜瓜 4 月 18 日上市，比往年足足提前了半个月，售价为每千克 10～12 元，创下了亩均收入 1 万元的奇迹；并通过记录甜瓜种植日记，积累了许多种植经验。

2007 年 10 月，阎良区政府又一次选送张小平到西北农林科技大学进修。通过一个多月的学习，张小平不但学会了新技术，还自行编写了"阎良区农民甜瓜栽培实用技术资料"，直到现在还在发挥作用，为指导群众科学种植甜瓜打下了坚实的基础。也正是 2007 年 10 月的那次进修，张小平接触到了很多崭新的产业模式和管理学知识。2008 年元月，张小平和 28 户会经营、懂技术的瓜菜种植能手、种植大户一起组建成立了科农瓜菜专业合作社，张小平被大伙推选为合作社理事长。

2008 年 3 月，张小平带领合作社进行了农民承包土地大综合流转的初步尝试，即由合作社统一签订转包合同，由合作社社员分户承包管理，总投资 46 万余元建成了占地 153 亩的关山村甜瓜示范园，建大棚 38 栋，打机井 3 眼；4 月进行了"蜜霸"牌甜瓜的注册登记，并以示范园为基地，实施品牌发展战略，积极引进国内最受欢迎的富硒甜瓜种植技术，对基地甜瓜全部实行无公害标准化栽培，实行棚体建设、种苗、栽培方式、配方施肥、病虫害综合防治、成熟采收标准、包装、宣传推介等"八统一"管理模式。在此基础上，张小平积极把阎良甜瓜推向中高端市场，推行"订单农业"，和上海一家超市签订了 35.5 吨的甜瓜销售合同，这一举措当年就显出了成效。"5·12"大地震发生后，甜瓜价格由每千克 3 元降为 1.6 元，但科农合作社社员仍以每千克 3 元的价格卖出，从而减少了瓜农损失。

2008 年 8 月，张小平发起了"农民大讲堂"活动，借助西北农林科技大学阎良甜瓜试验示范站的师资力量、智力支持，采取定期聘请专家授课、组织外出参观、讲课等形式，从而形成"基地讲堂＋流动讲堂""定期讲座＋常年学习"的双重学习模式。另外，张小平和合作社技术骨干还经常到群众田间地头进行技术指导。经常夜很深了，张小平瓜棚里的灯还亮着，不是给群众讲解甜瓜栽培技术，就是技术骨干们一起研究群众甜瓜栽培中遇到的难题。

2009 年 3 月，科农瓜菜专业合作社由原来的 28 户发展到 113 户，社员分布于关山镇北冯村、新马村、苏赵村、樊家村，武屯镇西相村、老寨村、东孙村、广阳村，新兴街道办新牛村、井家村等。瓜菜种植面积达到 1 060 亩，较往年翻了一番还多，影响、辐射到周边更多地区种植甜瓜发家致富。目前，科农合作社在西咸二级公路北流转土地 1 000 亩，建成了甜瓜基地，集甜瓜育苗、种植示范、市场交易和合作社办公于一体。

产业链上建支部，带领群众共致富。甜瓜事业一步步做大，张小平深感个人力量的渺小，2006 年向党组织递交了入党申请书。2008 年 7 月 1 日，张小平正式成为一名中共党员，同时向上级党组织递交申请书，准备成立科农瓜菜专业合作社党支部。一个月后，上级党组织任命张小平为党支部副书记。一人富了不算富，大家同富才是富。作为合作社党支部书记、理事长，张小平时刻挂念着每一户的发展，不管农户中哪家有困难，张小平总是第一时间赶到家中及时帮助解决问题。农户没钱买农膜，张小平就垫资，仅此一项他每年资助贫困户就达 3 万元之多。2011 年年初，合作社甜瓜示范园遭遇大雪灾害，大部分瓜苗受灾，张小平先帮助其他种植农户打扫积雪，自己的瓜棚却遭受了损失，并及时邀请西北农林科技大学大专家举办专题讲座，想方设法补充瓜苗；甜瓜成熟上市后张小平积极联系客商，先给会员销售。在金融危机的大环境下，张小平直接从厂家批发回 270 吨地膜、40 吨肥料，分到各合作社社员手中，再加上集体耕作，每户至少投资 1 000 元。合作社规定，凡在科农甜瓜育苗中心购苗 5 000 株，奖尿素 1 袋，最大限度地让利于瓜农。

平时工作中，张小平注重加强对党支部的日常管理，制订了长期发展规划；创新"支部＋协会＋基地＋农户"的产业发展模式，形成了支部抓协会、协会带大户、大户带群众的良好格局，积极培养、发展各村的种植能手、致富带头人；充分发挥支部党员干部的模范带头作用，明确要求支部每名党员每年要结对帮扶 3 户农民群众完成增收 2 000 元任务，并将其作为支部党员年中考核的重要依据；十分重视对社员进行科技知识的培训，先后推荐合作社党支部 2 名成员参加了中央农业广播电视学校农学大专班的学习，推荐 1 人到中央农业广播电视学校大专班学习 2 年，选派 23 人到西北农林科技大学参加合作社发展方面的专题培训，组织支部、合作社党员干部到西北农林科技大学经管学院学习，有效提高了合作社员综合素质，促进了关山及周边地区甜瓜产业的发展，带动了广大瓜农通过种植甜瓜发家致富。经过长期努力，每年专业合作社精品甜瓜销售 8 000 箱，合作社社员每亩甜瓜卖到了 10 000 元，每亩增收 2 600 元，安置周边社会剩余劳动力 15 000 余人次，创造社会价值 60 万元。

回顾张小平的一生，张小平与西北农林科技大学阎良甜瓜示范站的联系极其紧密。无论是甜瓜品种、生产技术还是合作社经营，阎良甜瓜示范站都给予了张小平很多帮助。张小平曾在 2016 阎良甜瓜产业发展研讨会上讲到"没有西北农林科技大学甜瓜示范站，就没有我们阎良瓜农的今天"，表达了他对阎良甜瓜示范站以及西北农林科技大学的感激之情。

5.4.2　白水高级职业农民曹谢虎 *

2010 年 11 月 22 日，47 岁的中国陕西白水果农曹谢虎，身着唐装，戴着近视镜，在美国哈佛大学向 100 多位各国代表作演讲，介绍自己科学种苹果成功致富的故事。演讲结束时他说："作为一个普通农民，能够站在哈佛大学的讲堂，我做梦也没想到。我衷心感谢西北农林科技大学的专家带我走上靠科技致富的道路。"现场掌声雷动。

曹谢虎，男，汉族，1963 年 10 月出生，陕西白水县林皋镇可仙村人。20 世纪 90 年代初开始，长期从事苹果栽培与管理。2011 年加入中国共产党，2013 年取得职业农民高级职称，2014 年取得陕西省农民高级技师职称。白水县第十七届人民代表大会代表，渭南市第五次党代会代表，渭南市果业协会常务理事。现任白水县仙果苹果专业合作社理事长。被称为农民"土专家"。

曹谢虎高中毕业后，他曾在县上多个部门做过"文员"，因为性格太倔难适应，1995 年他辞掉了让同龄人羡慕的"临时工"，回到村里种了 6 亩苹果——他的梦想是通过种苹果发家致富。为了把苹果种出好效益，不轻易张口问别人的曹谢虎就自学苹果种植方面的知识。2002 年，苹果价格低迷，曹谢虎趁机劝说了 8 户群众，按照书上说的，一起对苹果树进行改型——把传统的自由松散型改为三大主枝型。沉默寡言却敢为人先的曹

---

　　* 参见：西北农林科技大学新闻网，曹谢虎的新梦想，https：//news. nwsuaf. edu. cn/xnxw/93802. htm。

谢虎，把果园建设得与众不同，效益明显好于周围人。2004 年，原陕西省副省长王寿森到白水调研，镇上特意把曹谢虎的果园作为观摩点，王寿森省长对他科学务果予以肯定。

2005 年，西北农林科技大学开始在白水县杜康镇建立苹果试验示范站，随后与白水县联合实施了"白水苹果产业化科技示范与科技入户工程""十百千人才培训工程"等多项技术推广与培训，曹谢虎成为西北农林科技大学专家直接联系的示范户之一。"从此那些在电视上才能见到的专家教授就成了我们家里的常客"，曹谢虎说，"示范站里的植保专家杜志辉与自己同吃同住同工作，手把手地教技术，面对面地做交流，赵政阳、郭云忠等更多专家都与我成了好朋友"。

与西北农林科技大学的专家"结了亲"，曹谢虎最大的变化"就是技术进步更快了"。他很快掌握了苹果种植中的花果管理、水肥控制、整形修剪、病虫害防治等系统知识，以往困扰他的难题也都得到解决。他从一个普通农民变成了一个农民专家，当地果农、农资经销商、科技推广干部对他的称呼也逐渐变成了"曹老师"。

专家们评价，曹谢虎的果园有五好：间伐拉枝好、肥水好、病虫害控制好、果实管理好、果子卖得好。依靠苹果收入，曹谢虎实现了人生梦想——不仅供两个儿子上了大学，还盖起了 300 米^2 的新房，开上了高级轿车。

2008 年，曹谢虎成立了白水县仙果苹果专业合作社。白水县仙果苹果专业合作社是以苹果生产管理、技术服务、果品销售为主的服务性专业合作社，地处林皋镇北四公里处，下设 15 个分基地、3 个服务部，覆盖4 个乡镇 24 个自然村。仙果合作社依据自身发展状况，以"四大技术"为标准，聘请西北农林科技大学专家教授为顾问，对果农进行产前、产中、产后全程技术服务，形成了技术培训集中与单独相互结合的科技培训制度。

2014 年 9 月，曹谢虎以仙果苹果专业合作社为基础，注册成立白水县仙果农业科技发展有限公司。种植的苹果品种有富硒红富士，还有赵政阳教授团队新培育的瑞阳、瑞雪。公司的业务范围覆盖到苹果全产业链，设有有机示范、为农服务、冷藏加工和展示销售四个中心，拥有"虎纹"与"曹谢虎"两个苹果有机认证商标，在白水、西安、东莞等多地开设了线上和线下销售点，市场效应良好。目前，公司苹果种植面积由 20 年前创业之初的 6 亩扩大到 1.2 万亩，吸纳果农 520 户，其中贫困户有 200 多个。公司采取的主要扶贫方式大体分为两种：一种是对于有劳动能力但是自家没有种植果园的农民进行就业安置，参与果园的日常生产活动，并签订劳动合同，支付每人每月 2 000 元左右的工作报酬；另一种，是存在劳动能力，并自己拥有苹果园的贫困户实行果园托管。这里的托管模式主要是半托管模式，即贫困户只负责投入劳动。果园日常的管理方案均由公司负责制定。

经过十几年的积累，曹谢虎已经成长为白水县苹果产业果农的杰出代表和领军人物。曹谢虎个人的成长历程与西北农林科技大学白水苹果示范站对他的培养是分不开的，正如他所言："没有西北农林科技大学，就没有我的今天。我想像西北农林科技大学专家一样，编写一本关于优质苹果生产管理的实用手册，帮助广大果农解决生产过程中遇到的'是什么''怎么办'困难。如果有机会，我还想再到哈佛大学或者世界更多地方，讲述我的苹果种植新故事。"

5.4.3　白水中级职业农民林秋芳[*]

林秋芳，白水县林皋镇北马村人，白水县第十三届妇女代表、渭南市女企业家协会副会长，现任白水县秋林苹果专业合作社理事长、白水县润林家庭农场主，是白水县为数不多的具有中级职业农民称号的女企业家。她曾牵头组建女子嫁接队，带领 100 余名妇女走南闯北挣技术钱；成立秋林苹果专业合作社，带动一大批贫困群众脱贫致富；先后获得"陕西省最美果农""渭南优秀职业农民"等称号，是个远近闻名的能人。

2010 年以前，林秋芳还是一名打工者，在一家公司给人嫁接果树。一次偶然的机会，林秋芳见到了西北农林科技大学苹果示范站的首席专家赵政阳教授。林秋芳清晰地记得赵政阳教授和她说的第一句话，"听说你会给人嫁接树，为啥自己不种点苗子呢？"看出了林秋芳的担忧，赵政阳教授又告诉她，"全县要发展 20 万亩矮化标准化苹果示范基地，需要苗子，你为什么自己不育苗呢？"正是这句话，点燃了林秋芳的信心，让她

---

[*] 参见：渭南新闻网，林秋芳和她的女子嫁接队，http://www.wnnews.cn/p/27981.html。

开启了苹果新优砧木、新优品种大苗繁育之路。由于第一年施肥过量，导致育苗失败。就在林秋芳心灰意冷想要放弃时，赵政阳教授再次热情地帮助了她。2012年，林秋芳的苹果树苗终于培育成功了。当年，她就向县果业局提供了价值140万元的优质苗木，还向外地卖出了30万元的苗木。同年在白水苹果示范站的帮助下，林秋芳联合村里近百名苹果种植户成立了白水县秋林苹果专业合作社，并建起2 000多亩新优品种苹果示范园。2014年，她又承包500多亩地，建起了家庭农场，年繁育推广新品种苗木80万株。2017年，合作社获得了西北农林科技大学苹果研究中心在渭南地区生产销售"瑞阳""瑞雪"的授权书。2018年，林秋芳的50亩瑞雪和瑞阳苹果以高出市场价的价格被提前预订，采摘时上门收果的还络绎不绝。

林秋芳在取得成绩的同时不忘回馈社会。为了不断提高果树管理技术，她多次出面聘请西北农林科技大学白水苹果示范站站长王雷存教授、示范站首席专家赵政阳教授为果农进行果业管理培训，带动农户提升种植技术。成立至今，秋林苹果专业合作社共邀请白水苹果示范站、白水县园艺站相关专家开展培训讲座65场次，累计培训2 600余人，带动了白水县189户农户、863人增收致富。此外，该合作社充分发挥"传帮带"作用，为白水县培养了一大批懂技术、会管理的职业果农，带动了全县苹果产业的发展。同时在苗木繁育中，需要大量的嫁接工人，而嫁接的技术含量比较高，很多农民并不掌握。林秋芳便想起了曾经一起打工的姐妹们，并把芽接、枝接、切腹接、桥接等技术教给她们，让她们靠技术挣钱。随后，她便组建了一支"女子嫁接队"，把村里的"留守妇女"召集起来，让大伙抱团干事，共同受益。在林秋芳的带动下，如今这支"女子嫁接队"已经发展到100余人，加上她们爱学习、技术好、讲诚信，嫁接树苗的成活率高，因此活儿越来越多，常常是年初就把一年的活儿都揽到了。目前，已有35位队员拿到了新型职业农民资格证书。

5.4.4　眉县高级职业农民齐峰[*]

齐峰，1969年6月生，高级职业农民，陕西省十佳职业农民，高级

---

　　[*] 参见：搜狐网，让陕西猕猴桃走向世界是我一生的事业——访陕西齐峰果业有限责任公司总经理齐峰，https://www.sohu.com/a/214910132_100009895；赵晓峰等，推广的力量：眉县猕猴桃产业发展中的技术变迁与社会转型，中国社会科学出版社。

园艺师职称，眉县横渠镇豆家堡人，现任陕西齐峰果业有限责任公司总经理兼眉县齐峰富硒猕猴桃专业合作社理事长。齐峰从 1997 年开始经营水果，经过 20 年的经营管理，现在已经成为国内猕猴桃鲜果收购、存储和销售量最大的现代农业集团化公司的理事长。齐峰合作社通过建基地、扩市场、创品牌，在做大做强猕猴桃产业、促进农民增收、推动地域猕猴桃产业良性持续发展方面做出了积极贡献。

1997 年，眉县猕猴桃产业刚刚起步，猕猴桃种植和管理技术低，果品质量差，市场价格低。20 岁出头的齐峰敏锐地觉察到猕猴桃营养价值高、市场前景好，将大有文章可做。他自学猕猴桃栽培管理、储藏、运销知识，并亲自参与到猕猴桃收购、储存、销售的各个环节，先后到上海、青岛、济南等地考察市场，开展果品营销。经过多地考察和周密规划后，1998 年他自建猕猴桃冷藏库 6 座，并带动周边群众建设猕猴桃冷库 20 多座，既有效解决了猕猴桃不易储藏的难题，又提高了果品附加值。

随着眉县猕猴桃产业的不断发展壮大，为了解决一家一户单打独斗产业风险大的问题，2008 年，他率先注册成立眉县首家猕猴桃专业合作社——眉县齐峰富硒猕猴桃专业合作社，将分散的家庭小规模生产连接成相对集中的大规模生产，引进新技术、新品种，开展技术培训、技术交流和猕猴桃信息咨询服务，发展合同农业、订单农业、建立股份合作经济组织，实行"公司＋基地＋农户""合作经济组织＋农户"运作模式，积极推行"优选品种、规范建园、配方施肥、科学修剪、人工授粉、合理负载、果实套袋、果园生草、病虫防治、生态示范"等 10 项有机猕猴桃栽培管理关键技术，大力推广标准化生产，积极引导果农走有机标准化和绿色无公害生产路子。目前，合作社已由最初的 36 户发展到 380 户，带动 3 000 户果农直接受益，辐射带动果农 9 000 户，发展猕猴桃 5 万多亩，社员人均增收 2 000 元以上。

到 2010 年，由于销售量的快速增长和业务量的增大，合作社已不能满足经营发展的需要。为了能尽快将传统农业经营管理进行企业化运作，走科学化、规范化和国际化的发展模式，2010 年 4 月，齐峰组织成立了陕西齐峰果业有限责任公司，将经营管理提高到了一个新的高度。经过 8 年不断变革和创新，陕西齐峰果业有限责任公司已经发展成为一家现代农业企业，成为陕西农业企业经营管理的典范。在电商异军突起，开始冲击传统企业的常规营销模式的背景下，作为农业企业家，齐峰先知先觉，敏锐地捕捉到农业企业必须紧跟网络经济发展步伐，在 2013 年开始着手建设电商销售渠道。经过 3 年的探索、实践和积累，他于 2016 年成立了陕西玩果电子商务公司，电商团队已发展到近 50 人，电商的年销售额已由成立初的 200 多万元增长到 5 000 多万元，齐峰奇异果成为淘宝、天猫、京东、苏宁易购等大型网络平台猕猴桃鲜果销售前三名，网络销售额在不断地快速增长。为从源头控制好果品的品质，提高猕猴桃的竞争力并加大出口量，齐峰在 2016 年 3 月成立齐峰农资电商科技公司。通过实施猕猴桃的托管模式（农资供应、农机服务、技术培训、订单收购）来推行猕猴桃的标准化种植，提高猕猴桃的品质，保证猕猴桃的食用安全，为果农增收，为消费者提供口感好、营养高、食用安全的果品开创了一个新的模式。为做大做强猕猴桃产业，他致力于建立国内营销网络，开拓国际市场，近年先后参加宝鸡果品重庆推介会、中国东盟博览会优质水果推介会、海峡两岸陕西猕猴桃产销座谈会，在互联网上开设齐峰果业网站，并在北京、上海、南京、浙江、青岛五个城市设立办事处，将眉县猕猴桃销售到全国各地，出口到俄罗斯、日本、新加坡等国家，使猕猴桃走出国门，走向世界。

作为企业家，齐峰始终把带领群众致富作为自己的人生信条，始终把发展壮大猕猴桃产业作为一项崇高的事业来干。他始终把"热爱眉县、建设眉县、发展眉县"作为自己的人生追求，积极响应县委、县政府号召，带头参与"国家级猕猴桃物流园区"建设，率先筹建齐峰奇异果第二出口包装厂及 10 000 吨猕猴桃气调保鲜库，项目建成后可年分拣猕猴桃20 000 吨，储存猕猴桃 10 000 吨，对眉县猕猴桃产业发展将起到重要的促进作用。为引导群众禁用膨大剂，生产无公害果品，他向果农无偿提供油渣、鸡粪、富硒叶面肥营养液，带头承诺果农保底价收购，发展订单农业，建立省级现代农业示范园区，带头建立 500 亩有机猕猴桃示范基地、3 000亩猕猴桃基地，带动周边果农发展标准化猕猴桃示范园 10 000 亩。他通过创办公司、建立专业合作社和营销网络，带动了猕猴桃生产、储藏、运输、包装、营销等整体产业链的发展，创造了大量的就业机会。合作社和果业公司长期从业人员达 160 人，季节性从业人员 400 余人，间接带动就业 1 000 多人，有效解决当地富余劳动力就业问题。

　　由于齐峰在农业企业经营管理上独树一帜，在县域的农业产业经济发展中影响大、贡献大，当时的中央电视台第七频道《致富经》和《科技苑》栏目组多次到眉县采访他，制作专题片在央视播放。齐峰也先后荣获眉县猕猴桃销售能手、眉县猕猴桃销售标兵、全县实用人才"双培双带"标兵、宝鸡市"2010年农村青年星火致富带头人"、宝鸡市"十大杰出青年农民"、2012年"宝鸡市劳动模范"、2012年度"眉县十大感动人物"、2016年"全国物流行业劳动模范"、"2017年陕西省十佳职业农民"等光荣称号。同时，齐峰当选为宝鸡市第十五届人民代表大会代表和陕西省第十二届政协委员。

　　齐峰所创立的合作社如今成为眉县猕猴桃产业的重要发展力量。当前，在齐峰合作社的母体上，齐峰果业形成了行业企业集团，下设陕西齐峰合作社有限责任公司、眉县齐峰富硒猕猴桃专业合作社、陕西玩果电子商务有限公司、陕西齐峰农资电商科技服务公司、陕西齐峰秦岭印象生态农庄五家经济实体。齐峰合作社在短短七年里实现的跨越式发展，既离不开省市县各级政府的大力支持，也离不开"校县合作"这十年间为猕猴桃产业奠定的深厚基础。齐峰合作社已由小型专业合作社发展为集猕猴桃基地管理、种植、收购、存储、包装加工和销售为一体的全产业链经营集团，成为眉县猕猴桃的领军企业，既是国家级集猕猴桃基地生产、收购贮藏、出口销售于一体的农民专业合作经济组织，也是国内猕猴桃鲜果产业最大的集收购、存储、包装以及销售于一体的企业。在引领和带动眉县猕猴桃产业健康持续发展中，齐峰合作社起着举足轻重的作用。

第6章 | 农技推广示范站培育新型职业农民存在的问题

　　西北农林科技大学农技推广示范站开展新型职业农民培育是我国高等农业院校在新时代背景下服务"三农"的一种新方式，也是我国依托高校农技推广体系培育新型职业农民的一种创新性尝试，对其他涉农高职院校开展新型职业农民培育有重要的借鉴价值。但我国新型职业农民培育目前处于起步阶段，示范站培育新型职业农民的模式也尚处于探索阶段，存在一些需要解决的问题。例如：示范站承担大量职业农民培育任务，但角色定位上缺乏独立性；示范站在培育职业农民过程中缺少财政支持；农技推广与新型职业农民培育内容存在重合；试验示范站专家结构性短缺问题突出，难以满足新型职业农民培育长期需求等问题。

6.1　示范站在培育新型职业农民中的功能定位不够清晰，缺乏主动性

　　现有的新型职业农民培育，是一种由政府主导，地方农业局或者农广校组织的上传下达的模式（张笑宁等，2017）。本次调查的眉县、白水、阎良，新型职业农民培育都是由农业局下属的农技中心和农广校组织。示范站、农业合作社和龙头企业等其他主体是被动的参与者，这导致示范站在培育新型职业农民中的功能定位模糊，缺乏主动性。具体体现在以下几个方面：其一，职业农民具体培训的规划和安排都是由政府单方面决定，并没有充分听取示范站及其他主体的意见，示范站难以发挥自身主动性。比如在课程内容的制定和师资的配置上，农广校都是按照自身制定好的教学大纲邀请西北农林科技大学老师进行授课，并没有提前就课程内容与示范站进行协商。其二，地方政府与示范站在职业农民工作上缺乏协同机制，目前双方并没有就职业农民培育工作达成共识，且未制定相关的文件

规定双方的权责分工。如 2016 年西北农林科技大学与眉县政府签订的校县合作第三期工程协议没有明确规定双方在新型职业农民培育上合作的相关事宜。

6.2 示范站在培育新型职业农民中缺少财政支持

由于大学"示范站"模式具有社会服务性和非营利性，要继续维持示范站的正常运行，就需要长期的经费和优惠政策保障，否则"示范站"模式的可持续性发展就成为问题。在经费上，学校和政府向示范站提供的经费主要用于示范站的运行、科学研究和技术服务，并没有向示范站直接拨付新型职业农民培育的专项资金。示范站进行的培育新型职业农民的工作所产生的费用，一部分包含于政府支付的用于技术服务的经费，一部分是在完成特定培训工作之后由政府支付报销。这样的形式可能短期内不会出现问题，但是长期可能会出现资金落实不到位、报酬拖欠等问题，从而导致西北农林科技大学老师参与积极性下降及示范站对新型职业农民培育的重视程度下降。在政策上，学校在进行职称评定、项目申请等过程中尚未将教师参与新型职业农民培育的情况作为一项指标，导致教师没有参与意识，缺乏积极性。此外，本次调研发现，针对新型职业农民的扶植政策落实不到位，问卷结果显示，仅有 12.1% 的职业农民享受到了优惠政策。

6.3 新型职业农民培育与农技推广内容存在重合，造成教学资源浪费

"科研、教育、推广"的农民培训模式普遍应用于发达国家，其原因在于高水平农业科研、系统化农业教育与专业化农业技术推广三者相互作用，能很大程度上提高农民技术水平（李毅等，2016）。但我国目前尚未建立起新型职业农民培训与农技推广的协调机制，并且我国农民的文化程度和技术水平普遍不高，新型职业农民培训也尚处于起步阶段，所以大部分新型职业农民培训目标群体和主要内容与农技推广存在重合（董瑞昶等，2018）。本次调查发现，由于示范站近十年以来的示范带动，各地都涌现了一批有着较高农业技术与一定理论基础的乡土专家和示范户，这些

群体表示参加新型职业农民培育所学的课程中有一部分的内容是他们已经掌握的，尤其是在实用技术课程方面。这导致他们在这些课程上出现了旷课现象，造成了教学资源的浪费。

眉县一位职业农民谈到："我2013年参加的初级职业农民培训，2014年参加的中级职业农民培训，培训里讲的一部分实用技术确实是我已经掌握的，大概有50%，剩下的50%就是最近几年的新技术。因为我从2002年就开始种植猕猴桃了，经验很足。在2006年示范站成立以后，我也经常参加培训，是一位乡土专家，比如职业农民培训中有一个课程主要讲授猕猴桃十大技术，当时讲了两天，这个十大技术其实示范站和眉县政府早就开始推广了，我也已经掌握了，并且能够很熟练地应用。当时上这个课的时候我地里正好也忙，就没去上。和我一批的学员里很多都反映这个情况。"

6.4　示范站教师和工作人员短缺问题突出

目前各示范站普遍存在着教师和工作人员短缺的问题，难以满足新型职业农民培育长期需求。具体表现在以下几个方面。

第一，专职推广队伍总量不足。截至2016年，西北农林科技大学在全国范围内设立了24个示范站、40个试验基地，但仅有科研推广型教师124人，难以满足各示范站、基地的技术服务需要。以苹果产业为例，西北农林科技大学园艺学院共有苹果产业科研推广人员40人，其中，能够经常深入生产一线从事产业服务29人，这些人员不仅担任国家苹果产业体系7个岗位专家（示范站长）和陕西省苹果产业体系首席，还承担着学校4个苹果示范站的驻站工作任务，需要应对西北地区2 000万亩苹果产业的技术需求，工作负担非常重。本次调研也发现，由于西北农林科技大学示范站的推广业绩初步显现，各示范站在省内外已小有名气，越来越多的政府、企事业单位以及同行专家到示范站参观交流并寻求合作，示范站农技推广专家的工作也越加繁忙。一方面，他们要进行科学试验研究，进行示范站果园和大棚的管理，另一方面还要参与到越来越繁忙的接待工作之中，只能将很少的精力投入到技术推广服务和职业农民培育工作之中。此外，示范站没有专人管理新型职业农民培育方面的工作，缺乏对这方面工作的总结和梳理。

第二，年龄老化及断层问题突出。从表 6‑1 可以看出，西北农林科技大学科研推广型教师年龄段为：55 岁及以上的教师人数为 41 人，占总人数的 33%；50—54 岁人数为 52 人，占 42%；49 岁及以下的仅有 30 人，占 24%。由此可见，该校推广队伍年富力强的中青年骨干少，老龄化问题严重，没有实现队伍的新老更替，后备军不足，缺乏连续性。并且，在"十三五"期间有 41 位老教师退休，在"十四五"期间有 52 位老教师退休，在 2025 年之前退休的教师占到了 75%，这些推广经验丰富的老专家退休，又没有合适中青年骨干来代替，势必造成推广人员整体素质下降，影响示范站农技推广和新型职业农民培育工作的开展。

第三，人文经管类教师参与度有限。新型职业农民培育中有很多理论性课程，十分适合人文经管类教师讲授，例如农业法规、职业农民素质、传统文化、农业合作社的经营与管理等。但西北农林科技大学目前推广型教师主要分布在农学、园艺、林学等自然科学学院，人文社科类相关学院的比例很低，教学任务的繁重限制了这两个学院的老师外出参与职业农民培育。

表 6‑1　西北农林科技大学科研推广岗教师年龄分布

年龄段	人数	比例（%）
55 岁及以上	41	33
50—54 岁	52	42
45—49 岁	21	17
44 岁及以下	9	7

第7章 | 农技推广示范站培育新型 职业农民的提升对策

7.1 建立示范站与地方政府的协同机制，明确权责分工

按照公共治理理论，现代化的政府应该遵循的是善治理念，在善治理念下发展有限政府。所谓有限政府，指的是政府的权力是有限的，责任和义务也是有边界的，不能够为所欲为，也没有无限权力，更没有法外权力。而新型职业农民培育工作是一项系统工程，需要多种资源的供给和合作，如教师队伍、经费投入、课程计划、培训硬件设备等。这些资源在很多情况下是掌握在政府之外的主体手中，如示范站、农业企业、农民合作社等，而政府实际上并不完全占有这些资源。因此，需要建立示范站及其他培育主体与地方政府的协同机制，明确权责分工。对于政府而言，应做好"掌舵者"的角色，主要为培训工作提供政策、制度、经费、信息等方面的支持，侧重于宏观产品和服务的供给；示范站主要负责师资、课程设计、教学、实训基地等方面的供给和服务，做好教学内容和教学资源供应者的角色；农业合作社或企业主要负责培训的场地、设备等实训资源和硬件供给以及负责培育工作的宣传、动员，做好培训共担者的角色（张玲玲等，2017）。此外，各示范站应该将培育新型职业农民作为自身的一个重要使命，制定新型职业农民培育工作实施方案，积极主动做好师资配置、场地提供、后续帮扶指导等方面的工作。

7.2 增加资金和政策支持建立长期专项资金，制定优惠政策

政府和学校应认识到示范站在培育新型职业农民上的重要作用，加大资金和政策支持。首先，上级政府除把资金拨付各县区农业部门外，还应

该直接给各示范站拨付用于培育新型职业农民工作的相应资金，用于设备维修、教师劳务等方面，同时提出如培训人数、培训课时、场地提供等方面的要求，专款专用（刘丽梅等，2016）；各示范站也应该将培育新型职业农民作为自身的一个重要使命，制定具体工作实施方案，积极主动做好师资配置、场地提供、后续帮扶指导等方面的工作。其次，学校应出台相关激励政策，鼓励示范站推广专家与本校教师参与地方新型职业农民培育。在职称评定中，对参与职业农民培育的优秀教师的业绩充分认定，表彰优秀培育个人和示范站，优先推荐相关教师申报科技推广类项目（杨宏博等，2014）。再次，各地方政府应该抓紧出台向职业农民倾斜的优惠政策，比如鼓励成片土地优先向新型职业农民流转、优先享受涉农优惠扶持政策以及优先享受金融信贷扶持政策和提供农产品保险支持（米松华等，2014）。

7.3　因地制宜调整培育流程，建立课程免修机制

我国各地区之间由于农业发展水平的不同，农民素质存在较大差异；同一地区农民也因各自文化程度、学习意识不同，技术水平存在较大差距。鉴于这种普遍现象，新型职业农民培育作为一种成人性质的教育，不应只有一种固化的培育流程，应根据各地区的实际情况，进行创新。例如，针对农技推广和新型职业农民培育内容上存在重复的问题，本研究认为可以通过建立一个"课程免修"机制加以解决，具体实施步骤如下：第一步，政府在每期新型职业农民培育班报名宣传过程中，应公布这期所学课程及每堂课的内容要点，使有意愿参加的农民全面了解课程安排；第二步，在报名时允许农民根据自身情况提交对一些课程的免修申请；第三步，组织提交申请的农民按照相应的标准进行严格考核，通过考核的农民准予免修。

7.4　创新示范站组织结构，优化示范站人力资源配置

针对这些问题，本研究提出以下改进对策：第一，从岗位聘任、职称评审、津贴发放、项目申报等方面出台相关激励政策，鼓励校内科研教学

型、科研为主型教师转岗专职从事科技推广工作。第二，从校内应届优秀研究生毕业生中定向选聘，充实到相关示范站团队。第三，将示范站作为学校农业等专业学位硕士研究生培养的重要平台，规定驻站学习实践，由驻站推广专家团队集体指导的方式培养，发挥专业学位研究生在产业服务中的作用。第四，鼓励示范站根据工作需要，自主选聘地方农技骨干加入示范站团队，参与示范站日常的各项工作。第五，西北农林科技大学以及相关涉农高校应意识到人文社科类教师在农民培训中的重要价值，鼓励有意愿参与推广和职业农民培育工作的人文社科类教师转为科研推广岗。第六，安排专人管理示范站的新型职业农民培育工作，主要负责与当地政府对接，规划、安排与总结具体培育工作，规模较大的示范站应设立新型职业农民培育办公室。

参考文献

伯特，2008. 结构洞：竞争的社会结构 ［M］. 上海：格致出版社.

陈楠，黄宇琨，2018. 农业高校主体式参与新型职业农民培育模式研究 ［J］. 家畜生态学报，39（9）：91-96.

董瑞昶，赵丹，2018. 失地农民参与新型职业农民培训的问题与对策：基于陕西省杨陵示范区的调查 ［J］. 职业技术教育，39（33）：48-51.

高杰，王蔷，2015. 精准瞄准　分类培训　按需供给：四川省新津县新型职业农民培训的探索与实践 ［J］. 农村经济（2）：109-113.

高启杰，2012. 理解农业推广：基于历史和发展的视角 ［J］. 农村经济（10）：3-6.

高启杰，董杲，2016. 基层农技推广人员的组织公平感知对其组织公民行为的影响研究：以主观幸福感为中介变量 ［J］. 中国农业大学学报（社会科学版），33（2）：75-83.

高志敏，2003. 关于终身教育、终身学习与学习化社会理念的思考 ［J］. 教育研究（1）：79-85.

高志雄，2013. 以试验示范站为依托的大学农业科技推广模式研究 ［D］. 杨凌：西北农林科技大学.

顾明远，1998. 教育大辞典 ［M］. 上海：上海教育出版社.

郭云南，张晋华，黄夏岚，2015. 社会网络的概念、测度及其影响：一个文献综述 ［J］. 浙江社会科学（2）：122-132，160.

郭占锋，2012. "试验示范站"：西部地区农业技术推广模式探索：基于西北农林科技大学的实践 ［J］. 农村经济（6）：101-104.

郭占锋，姚自立，2014. 西农"试验示范站"科技推广模式对农业发展的影响：基于陕西3个村庄的调查 ［J］. 宁夏农林科技，55（1）：105-107.

海克曼，2003. 被中国忽视的人力资本投资 ［J］. 中国远程教育（6）：36-37.

何国伟，2016. 高职院校培育新型职业农民之困境及路径选择 ［J］. 成人教育，36（11）：52-56.

胡瑞法，孙艺夺，2018. 农业技术推广体系的困境摆脱与策应 ［J］. 改革（2）：89-99.

捷尔比，1983. 生涯教育：压制和解放的辩证法 ［M］. 东京：东京创元社.

科尔曼，2008. 社会理论的基础 ［M］. 北京：社会科学文献出版社.

朗格让，1988. 终身教育导论［M］. 北京：华夏出版社．

李谦，1995. 关于农业推广学的研究对象与学科性质问题［J］. 农业科技管理（2）：32-34.

厉以贤，2004. 终身教育的理念及在我国实施的政策措施［J］. 北京大学教育评论（2）：58-62.

联合国教科文组织，1996. 学会生存［M］. 北京：教育科学出版社．

梁成艾，2018. "职业农民"概念的历史溯源与现代扩张：基于乡村振兴战略之视角［J］. 农村经济（12）：123-128.

刘艳琴，2013. 发达国家农民职业培训对中国的启示［J］. 世界农业（8）：165-167.

刘丽梅，刘超，2016. 依托地方农业高校推进新型职业农民培育：以秦皇岛为例［J］. 中国成人教育（20）：158-160.

罗迈钦，2014. 农业高职院校：培育新型职业农民的重要平台［J］. 中国职业技术教育（15）：58-61.

吕莉敏，石伟平，2018. 新型职业农民培育的高等职业教育责任与策略［J］. 中国职业技术教育（26）：12-19.

米松华，黄祖辉，朱奇彪，2014. 新型职业农民：现状特征、成长路径与政策需求：基于浙江、湖南、四川和安徽的调查［J］. 农村经济（8）：115-120.

南国农，2008. 教育传播学［M］. 北京：高等教育出版社．

南利菲，2018. 试验示范站发展研究［D］. 杨凌：西北农林科技大学．

帕特南，2001. 使民主运转起来［M］. 南昌：江西人民出版社．

奇达夫，2007. 社会网络与组织［M］. 北京：中国人民大学出版社．

单武雄，2015. 农业职业院校服务武陵山片区农业特色产业研究：以湖南生物机电职业技术学院为例［J］. 现代农业科技（14）：327-328.

申秀霞，2016. 我国农业大学科技推广模式优化研究［D］. 杨凌：西北农林科技大学．

舒尔茨，1987. 改造传统农业［M］. 北京：商务印书馆．

孙武学，2013. 围绕区域主导产业建立试验探索现代农业科技推广新路径［J］. 农业经济问题，34（4）：4-9.

唐德方，蒋玉梅，高立波，2013. 农业技术推广视野下的农民科技培育探讨［J］. 广西农学报，28（4）：66-67.

王学峰，2017. "西农模式"把论文写在大地上［N］. 中国科学报．

王玉东，陈晖涛，2018. 校村联合培育新型职业农民：基于乡村人才振兴的路径思考［J］. 青岛农业大学学报（社会科学版），30（3）：11-15.

吴遵民，1999. 现代国际终身教育论［M］. 上海：上海教育出版社．

解李帅，2015. 高等农业院校培育新型职业农民的途径探析：以湖南农业大学为例［J］. 农业教育研究（4）：12-14.

杨宏博，夏显力，2014. 以示范站为平台的大学农业推广模式探索与创新：以西农白水苹果示范站为例 [J]. 农业开发与装备 (6)：47-48.

杨璐璐，2018. 乡村振兴视野的新型职业农民培育：浙江省个案 [J]. 改革 (2)：132-145.

杨继瑞，杨博维，马永坤，2013. 回归农民职业属性的探析与思考 [J]. 中国农村经济 (1)：40-45，66.

叶优良，黄玉芳，赵鹏，等，2016. "科技小院"助推产学研结合 促进人才培养和技术推广 [J]. 教育教学论坛 (32)：23-24.

张计育，莫正海，黄胜男，等，2014. 21世纪以来世界猕猴桃产业发展以及中国猕猴桃贸易与国际竞争力分析 [J]. 中国农学通报，30 (23)：48-55.

张玲玲，刘霞，2017. 新型职业农民培训多中心治理模式的构建 [J]. 继续教育研究 (1)：35-37.

张险峰，2015. 农业高校对新型职业农民培育的实践与思考 [J]. 边疆经济与文化 (7)：100-101.

张笑宁，赵丹，2017. 教育公平视阈中的新型职业农民培训问题与对策：基于陕西六县的实证调查 [J]. 职业技术教育，38 (12)：57-61.

张仲威，1996. 农业推广学 [M]. 北京：中国农业科学技术出版社.

翟正，2018. 以示范站为平台的大学农技推广模式研究 [D]. 杨凌：西北农林科技大学.

赵帮宏，张亮，张润清，2013. 我国新型职业农民培训模式的选择 [J]. 高等农业教育 (4)：107-112.

赵春蕊，2004. 加强农民培育 搞好农技推广工作 [J]. 中国农技推广 (2)：19.

赵晓峰，2017. 推广的力量：眉县猕猴桃产业发展中的技术变迁与社会转型 [M]. 北京：中国社会科学出版社.

周芳玲，肖宁月，刘平，2016. 农职院校参与新型职业农民培育研究 [J]. 经济问题 (8)：94-97.

朱启臻，2013. 新型职业农民与家庭农场 [J]. 中国农业大学学报（社会科学版）(2)：157-159.

朱启臻，胡方萌，2016. 新型职业农民生成环境的几个问题 [J]. 中国农村经济 (10)：61-69.

Bennell P，1998. Vocational education and training in Tanzania and Zimbabwe in the context of economic reform [R]. London：Department for International Development Education Research Series.

Bourdieu P，1986. The forms of social capital [M] // Richardson J. Handbook of theory and research for the sociology of education. Westport：Greenwood Press：241-258.

Deichmann U，Goyal A，Mishra D，2016. Will digital technologies transform agriculture in developing countries? [J]. Agricultural Economics , 47: 21-33.

Granovetter M, 1973. The strength of weak ties [J]. American Journal of Sociology, 78 (6): 1360-1380.

Hamilton N D, 2012. America's new agrarians: policy opportunities and legal innovations to support new farmers [J]. Fordham Environmental Law Journal.

Istudor N, Bogdanova M, Manole V, et al, 2010. Education and training needs in the field of agriculture and rural development in the lower danube region [J]. Amfiteatru Economic Journal, 12 (Special No. 4): 761-784.

Jacobs J, 1961. The death and life of great American cities [M] . New York: Random House.

Kumar A, Kumar V , 2014. Pedagogy in higher education of agriculture [J]. Procedia Social and Behavioral Sciences, 152: 89-93.

Maguire C, 2000. From agriculture to rural development: crtical choices for agricultural education [C]. Proceedings of 5th European Conference on Higher Agricultural Education.

Opara U N, 2008. Agricultural information sources used by farmers in Imo State, Nigeria [J]. Information Development, 24 (4): 289-295.

Parr D, Horn V, 2006. Development of organic and sustainable agricultural education at the University of California, Davis: a closer look at practice and theory [J]. Hort Technology, 16 (3): 426-431.

Shiferaw B, Prasanna BM, Hellin J, et al, 2011. Crops that feed the world 6. Past successes and future challenges to the role played by maize in global food security [J]. Food Security, 3: 307-327.

Tripp R, Wijeratne M, Piyadasa VH, 2005. What should we expect from farmer field schools? A Sri Lanka case study [J]. World Development, 33 (10): 1705-1720.

Ulimwengu J, Ousmane B, 2010. Vocational training and agricultural productivity: evidence from rice production in Vietnam [J]. Journal of Agricultural Education and Extension, 16 (4): 399-411.

Van Crowder L, Lindley W, Bruening T, et al, 1998. Agricultural education for sustainable rural development: challenges for developing countries in the 21st century [J]. The Journal of Agricultural Education and Extension, 5: 2, 71-84.

Wallace I, Mantzou K, Taylor P, 1996. Policy options for agricultural education and training in sub-Saharan Africa: report of a preliminary study and literature review [R]. AERDD Working Paper 96/1.

附录　相关论文摘编

失地农民参与新型职业农民培训的问题与对策

——基于陕西省杨陵示范区的调查

董瑞昶　赵　丹

引言

随着新型城镇化和工业化快速推进，农村地区大量耕地被用于工业企业建设、现代农业园区以及生态建设等，因此产生了数量庞大的失地农民。国家统计局数据显示，我国失地农民数量正以每年约 300 万人的速度递增，并预计在 2030 年达到 1.1 亿左右，失地农民的就业和职业发展成为十分棘手的问题。从现实来看，除了进城就业外，失地农民通过参与培训成为新型职业农民也是一个十分重要的就业渠道。特别是在现代农业发展进程中，很多耕地被征收用于发展设施农业和农业产业园等，还有农户把土地流转给其他农户、合作社和农业企业进行土地规模经营。在这种情况下，失地农民可以在家乡周围从事农业工人以及农业社会化服务人员等职业，更有可能成为专业技能型和社会服务型新型职业农民。

十九大报告特别提出要"实施乡村振兴战略，必须始终把解决好'三农'问题作为全党工作重中之重。要建立健全城乡融合发展体制机制和政策体系，加快推进农业农村现代化"。2018 年中央一号文件也明确指出"大力培育新型职业农民。大规模开展职业技能培训，加强扶持引导服务，实施乡村就业创业促进行动"。在乡村振兴和现代农业发展的背景下，如何通过新型职业农民培训，提升失地农民的农业生产技能，进而提升其就业能力，是符合时代发展要求、极具现实需求的重要议题。基于此，课题组以全国唯一的农业高新产业示范区——杨凌示范区为例，选取杨凌职业农民创业创新园、揉谷村、白龙村等地，采用质性研究方法获得第一手资料，探索失地农民参与新型职业农民培训的必要性、存在的问题和对策建议。

一、失地农民参与新型职业农民培训的重要价值

（一）有助于促进现代农业发展，助力乡村振兴

发展现代农业与实施乡村振兴战略是解决我国"三农问题"的重要举措，失地农民成为新型职业农民可以有效地推进两者的发展进程。首先，从现代农业的发展要求来看，其主要标志是采用先进的生产技术、经营方式、管理方法和管理手段，把产前组织、生产过程和产后服务有效结合起来，形成比较完善的产业链条。这就要求现代农业的从业者必须是"有文化、懂技术、会经营"的职业农民。而失地农民既可以成为在新型农业经营主体中从事生产活动的专业技能型新型职业农民，也可以成为为农业的产前、产中、产后提供服务的社会服务型新型职业农民，两者都是现代农业不可或缺的力量。其次，在乡村振兴战略实施中，一些地方政府规划建设设施农业和现代农业产业园等，力图吸引青壮年失地农民返乡就业创业。在此背景下，促使失地农民参加新型职业农民培训，进而从事现代农业产业或创业，能够很大程度上促进乡村振兴。

杨凌职业农民创业创新园的一位管理人员谈到："园区是由珂瑞农业专业合作社在政府的支持和推动下，流转周边农村土地建成的，目前这里已建成的 107 栋现代化日光温室，发展设施农业。因为这里先进的设施和技术，很多外地人甚至是外国人都来到这里承包温室经营农业，获得了不错的收入，这就大大提高了本地知名度和农业的吸引力。同时设施农业属于劳动力密集型产业，需要大量的农业雇工和社会服务人员，周边农村的很多失地农民每天都会来这里干活。园区旁在建的还有杨凌牡丹文化产业园和杨凌老农庄园，等这些园区建成之后，同样也有很多岗位适合这些失地农民，现代农业的发展是需要他们的。"

（二）有利于提高失地农民生活质量

失地农民通过参与新型职业农民培训，掌握现代农业生产技能，获得

期望的工资水平，能够提高他们的生活质量。具体来说，其一，失地农民成为新型职业农民能够改变他们漂泊的生活方式。失地农民由于缺少专业技术，进城务工后主要从事建筑、制造、服务类职业。这类职业技术含量较低，可替代性较高，因而收入较低、稳定性较差，很多失地农民处于"有工即做，无工返乡"的状态，成为在农村与城市之间的"漂泊者"。而失地农民在成为新型职业农民后可以在家乡周围从事现代农业，不需要在城乡之间继续漂泊，他们的生活相比在城市的务工生活更为稳定。其二，可以提高失地农民的经济收入。据有关统计，2017年农民工年均收入为41 820元，而新型职业农民的平均年收入为5.9万元，相比进城务工，失地农民成为新型职业农民后继续从事农业的经济收入更高。

西北农林科技大学杨凌综合试验示范站站长陈永安谈到："随着农村土地流转的增加，大量的失地农民外出打工，以前农民从事的大多数是建筑行业，但是随着机械化的发展，人工的价格要比机械高得多，现在光靠力量干活是不行的，现在需要有技术，工业的技术肯定比农业的技术要求高，而这些农民工大多数文化水平也不高，掌握不了工业技术。这些人需要生存，他们很多人想回到农村从事农业，但是他们的农业技术水平也还停留在初级阶段，所以他们需要参加职业农民培训提高他们的素质和技术水平。现在的职业农民收入很高，比如杨凌有一个果树嫁接服务队，这个嫁接服务队总共有2 000人，掌握技术的有四五百人，都是职业农民，他们2016年出去给别人嫁接苗子获得的劳务收入是1.06亿元。"

二、失地农民参与新型职业农民培训面临的问题

（一）失地农民在培训对象的遴选中不被重视

在新型职业农民培训过程中，地方政府多以种养大户，家庭农场主，返乡农民工、大学生和退伍军人等为培训对象主体，失地农民群体往往被忽视。具体体现在：其一，一些地方政府片面地把从事农业等同于单一的土地经营，没有认识到失地农民可以从事并且十分适合现代农业中的很多岗位，所以失地农民群体在政府宣传与组织培训时往往被忽视；其二，女性群体不受重视。失地农民中男性多外出打工，女性因为家庭原因多留守在家，女性相比男性参加培训更方便、时间更充足。而且，女性正在逐渐成为农业生产的"主力军"，现代农业中像蔬菜种植、果树嫁接、病虫害

防疫等专业性的工作强度不大，十分适合女性从事。但目前地方政府在组织新型职业农民培训过程中并没有对女性群体进行重点宣传，也没有开设针对女性特点的相关课程，所以女性农民的参与度仍然较低。

杨凌区揉谷村的一位失地村民表示："村里没组织过新型职业农民培训，我具体也不了解新型职业农民培训是干啥的，村政府也没有宣传过，可能政府认为我们没有土地不能成为职业农民吧。"杨凌职业农民创业创新园一位女性农民表示："我就是周边村子的，家里的地都流转了，丈夫和孩子在西安打工，一年也就回来几次，我平时在家空闲时间多的时候都会来这里干活，每天工作八个小时，这段时间活不多，所以在大棚里干活的人不多，但到了插苗的时候，这个大棚里会雇佣四五十人，基本都是周边村子里的女性。这里每年都会组织几次新型职业农民培训，但是参加的基本都是男性，我们女性参加的很少。"

（二）现有培训供给无法满足失地农民需求

现阶段，多数地方政府更重视生产经营型职业农民的培训，而适合失地农民参加的专业技能型和社会服务型职业农民的培训供给十分不足。其一，很多基层政府对新型职业农民的分类理解不够深入，进而在政策宣传中缺少相应知识的普及，导致失地农民产生了没有土地无法成为新型职业农民的错误认识，降低了他们参加培训的热情。其二，专业技能型和社会服务型职业农民的专业培训很少，培训课程层次较低，而且重理论授课轻技能操作，缺乏培训特色，导致培训效果不明显，失地农民难以在培训中受益。其三，缺少配套的扶植政策，现行的倾斜性政策大部分针对的是生产经营型职业农民，主要体现在土地流转、产品销售和新品种使用等方面，各级政府并没有出台失地农民所需要的农技服务资质、农机购置与使用以及农资商店经营等方面的扶植政策。

（三）失地农民离乡工作，接收培训信息渠道不畅通

首先，多数失地农民平时都在外打工，无法及时接受县乡政府在日常时间的宣传，而且培训的时间多是临时在村里通知，大多数培训也正值农民外出打工时间，很多有意向参加培训的失地农民因为知晓的晚，加之路途遥远、工作繁重无法参加新型职业农民培训。其次，一些村干部在宣传优惠政策和传达培训信息时只传达给自己关系好的村民，失地农民在信息接收上并不平等。再次，信息传达渠道单一，目前农村传达新型职业农民培训信息还多采用广播、板报和村民大会等传统的媒介，缺乏对互联网等新媒介的应用，导致在外打工的失地农民无法及时接收到培训的信息。

杨凌区白龙村的某村民表示："我家里原先有 4 亩地，土地流转后，每亩每年流转费用是 1 200 元，并不能满足家里的日常开销，所以我平常都会出去打工，旁边的新型职业农民培育基地每年都会组织培训，我也一直都很想参加，但是培训的时候我都在外面打工，村里面通知得也比较晚，一般都是培训前几天才通知，我回来一趟花销比较大，临时请假也不好批准，甚至有的时候有培训我们这些在外打工的人也不知道，村里面参加过培训的人也都是和领导走动多的人，信息他们收到得快。"

（四）新型职业农民培训与农技推广内容重合，失地农民参与积极性受损

"科研、教育、推广"的农民培训模式普遍应用于发达国家，其原因在于高水平农业科研、系统化农业教育与专业化农业技术推广三者相互作用，能很大程度上提高农民技术水平。但我国目前尚未建立起新型职业农民培训与农技推广的协调机制，加上我国农民的文化程度和技术水平普遍不高，新型职业农民培训也尚处于起步阶段，所以大部分的新型职业农民培训目标群体和主要内容与农技推广存在重合。据课题组调查，一些从事农业雇工和农业社会服务人员的失地农民，在从业之前都会参与由不同组织和机构组织的必备技术和能力的农技推广性质的培训，并在工作之后的必要阶段继续接受培训获得相应的提高。基于前期基础，他们不愿意去参加新型职业农民培训继续学习他们已经掌握的知识，并且喜欢农技推广这种更加灵活的培训方式，从而降低了参与新型职业农民培训的积极性。

杨凌职业农民创新创业园中的一位大棚承包者表示："我原先是一名农技师，新型职业农民培训政策出台后，通过资格认定我成为一名职业农民。我认为农技推广和新型职业农民培训联系相当紧密，两者在农民培训上应该结合起来。在我大棚里干活的有很多本地的失地农民，干活之前我都会请专业的农技员对他们进行实地培训，他们很多人经常在我这干，对一些育苗、修剪的活都很熟练，但是他们基本是没有拿到新型职业农民证书的人，他们都说培训教的内容基本他们都已经会了，所以参加的很少。确实在我看来，他们中的一些人在专业技能上其实已经很优秀了，可能在一些其他理论素质方面比较欠缺，而且相关的职业农民政策扶植对他们的吸引力不强，他们去参加认证的动力不足。农民讨厌死板的模式同时也厌

恶学习一些自己已经掌握的知识，农民培训其实应该变得更加灵活。"

三、失地农民参与新型职业农民培训的建议

（一）扩大培训对象遴选范围，做好宣传服务

联合国教科文组织指出："技术和职业教育与培训应能使社会所有群体中的人都能上学，所有年龄层的人都能上学，它应为全民提供终身学习的机会"。新型职业农民培训作为成人教育的一种形式，同样应赋予失地农民平等的培训机会。首先，现代农业发展水平较高的地区，应该重点关注失地农民中继续从事农业的青壮年和留守妇女，积极地引导他们参与培训；现代农业发展薄弱的地区，应该统筹城乡经济社会发展，挖掘本地区资源优势，在农村地区大力发展设施农业、观光农业等现代农业生产经营模式，为更多失地农民提供农业就业岗位。其次，地方政府应该重点宣传专业技能型和社会服务型职业农民的培训信息，提升失地农民对新型职业农民分类的认识，让他们认识到没有土地也可以参加培训成为职业农民。同时，可以选择典型案例，将已经参加过培训顺利转变为职业农民、并获得稳定收入的失地农民进行重点宣传。通过介绍他们的亲身经历，将培训信息、培训体验以及培训收益展现给广大失地农民，激发他们参与培训的热情。

（二）科学设置培训内容、优化培训方式

据农业农村部测算，1亿人左右规模的新型职业农民数量比较符合中国国情。这1亿人中，包括生产经营型3 000万人，专业技能型6 000万人，社会服务型1 000万人。可见，我国的国情需要数量庞大的专业技能型和社会服务型新型职业农民，各地方政府应该重视这两种新型职业农民的培训，完善培训供给服务。首先，在培训前统计农户需求，针对少数在农业方面有创业意向的失地农民进行生产经营型职业农民培训，而针对其余大部分失地农民进行专业技能型和社会服务型职业农民培训；其次，各级政府应该考虑到失地农民群体的特殊性，改变常规培训方式，尽早制订培训计划，及时与有意愿参加培训的失地农民沟通，把培训尽量安排在节假日等失地农民返乡的时间，同时广泛应用现代通信技术，搭建网络信息平台，宣传新型职业农民相关的政策，及时发布培训的信息；再次，培训内容应侧重生产环节的精准化操作技术，分工种、分岗位开展培训，并在培训过程中添加职业农民基本素养、农业发展新理念、农产品质量安全、

农业政策法规等通识性知识。

（三）完善扶持政策，激励失地农民积极参与培训

制定扶持政策是新型职业农民培训制度体系的重要一环，只有配套真正具有保障功能、可操作性的扶持政策，才能真正为发展现代农业、乡村振兴打造一支优秀、稳定的新型职业农民队伍。因此，各级政府要尽快出台失地农民参加新型职业农民培训的配套扶持政策，提升他们参与培训的积极性。其一，针对拿到社会服务型职业农民证书的失地农民，鼓励金融机构向他们发放低息贷款或降低贷款门槛和放宽贷款条件，同时加大相关补贴力度，为其购买农机等必备工具和开设店铺提供资金支持。其二，针对拿到专业技能型职业农民证书的失地农民，可以优先向有需求的涉农企业、合作社或者种植大户推荐，安排他们就业。其三，优先把成为新型职业农民的失地农民纳入养老保险、医疗保险等城镇社会保障体系。其四，从优秀学员中选拔，将素质高、技术好、责任心强的失地农民吸纳进农技服务队伍，给予一定的报酬。

（四）创新培训组织模式，建立新型农民培训和农技推广协同机制

《"十三五"全国新型职业农民培育发展规划》提出："健全完善一主多元新型职业农民教育培训体系，统筹利用农广校、涉农院校、农业科研院所、农技推广机构等各类公益性培训资源，开展新型职业农民培育。"因此，各地区应该立足本地实际情况，整合各类培训资源，建立新型农民培训工作和农技推广工作的协同机制，助力新型职业农民培训。如浙江省湖州市整合湖州市农办、浙江大学农生环学部和湖州职业技术学院等多家单位的办学力量，建立了"农民学院"，探索形成"系统管理、整体运作、教学师资、教育培训、认定管理、政策扶持、督导评价"的"七位一体"培育模式。又如西北农林科技大学在陕西、甘肃、河南、安徽、新疆等省区，与地方政府共建成立了24个农技推广试验示范站和40多个示范推广基地，示范站与地方农广校、农技中心等形成长期合作机制，10年来累计培训农村基层干部和农业技术人员72 000人次，培训农民45万多人次。基于上述新型职业农民培训与农技推广协调机制的典型案例，地方政府应主动作为、积极创新，优化组织模式，为新型职业农民培训提供有力保障。

原文发表在《职业技术教育》，2018，39（33）：48-51.

农村留守妇女参与新型职业农民培训的问题、原因与对策

沈 彤 赵 丹

国务院《关于实施乡村振兴战略的意见》中提出："大力培育新型职业农民，全面建立职业农民制度，完善配套政策体系，促使一大批农民在物质、知识、技能等各方面受益"。随着大量农村男性劳动者进城务工，农业女性化特征日益明显，农村留守妇女越来越成为新型职业农民的重要主体。全国妇联颁发的《关于开展"乡村巾帼行动"的实施意见》也明确要求"提高农村妇女参与乡村振兴的素质和能力；积极吸引留守妇女参与新型职业农民培训成为新型职业农民"。可以说，培养女性新型职业农民是促进现代农业发展、实现乡村振兴战略目标的有力手段之一。但现实中，多数留守妇女仍面临培训参与率低，培训内容和方式无法满足需求，培训时间与家庭生产冲突，培训时效性不强等问题，亟待解决。

因此，本研究采取定量和定性相结合的方法，选取陕西省太白、宁强、佛坪、周至四县的 326 位新型职业农民进行问卷调查，共发放问卷326 份，回收有效问卷 317 份，问卷有效率为 97.24%；同时，对 23 位职业农民、6 位县级农业推广校校长进行深度访谈，系统分析当前留守妇女参与新型职业农民存在的问题，并提出对策建议。

一、农村留守妇女参与新型职业农民培训的重要价值

1. 有利于促进留守妇女参与农业生产和乡村治理，进而促进乡村振兴

随着近年来农村男性劳动力的大量转移，我国农村留守妇女数量不断增加。全国流动人口中留守妇女已接近 5 000 万人。这个数量庞大的群体承担了农业生产和家庭再生产的全部任务：包括家庭农业生产或就近打工、日常家务劳动、照料老人和子女等。可以说，在乡村振兴背景下，留守妇女既是从事农业生产劳动的重要主体，也是维系家庭稳定、参与乡村社区治理的主要力量。因此，促使留守妇女参与新型职业农民培训，更好

地发挥其助推乡村振兴的重要作用：其一，农业生产方面，留守妇女能学习更多先进的农业生产技术，提高劳动生产效益；其二，家庭照料方面，留守妇女通过参加培训能够更理性的认识人力资本投资的价值和方式，进而改善对子女教育和老人照料的方式和质量。其三，乡村治理方面，可以通过培训提升留守妇女的能力素养，增强其对乡村社会发展的认知，使其在参与村务管理过程更有积极性，进而提出更具参考性、建设性的意见和建议。

2. 有利于促进留守妇女掌握现代农业知识，促进农村产业结构升级

农村产业结构升级是指在遵循产业结构演替规律的前提下，通过政府的有关产业政策调整供给结构和需求结构，实现资源优化配置和再配置，推进产业结构合理化和高度化的过程。2020 年我国农村要达到一二三产业融合发展的目标，需要挖掘"留守妇女"这一主要劳动力资源。通过新型职业农民培训，可以促使更多农村留守妇女从事第三产业，进而推进产业结构的优化和现代农业发展。首先，在促进产业结构升级方面，通过参与培训，留守妇女能够掌握现代农业生产与经营技术，进而凭借知识技能自主创业，带动更多留守妇女加入工厂深加工、餐饮服务等行业，推动二三产业在农村的发展。其次，在促进现代农业发展方面，新型职业农民培训提供以农业科技知识、农业实用技术等为重点，以农业农村政策法规、农产品质量安全、现代农业经营管理等为辅的培训内容，促进留守妇女积极参与特色农业、庭院经济、乡村旅游等现代农业，推动现代农业发展。

3. 有利于提升留守妇女的人力资本水平及其获得感

新型职业农民培育是现代农业人力资本积累、使用逐步规范化、制度化的具体体现。从女性主体的角度审视，由于男性外出务工，她们以家庭利益最大化为准则，选择留守在家照料老人儿童，并从事农业生产。在这种背景下，留守妇女参与新型职业农民培训，一方面能够通过学习先进的技术理念和知识，获得现代化农业所需的耕作技术，提升农业科技技能，逐步成为农业生产的技术骨干，带领更多妇女脱贫致富，提升自身人力资本水平，进而在农业生产中提高生产效率、增加收入。另一方面，留守妇女可以从单一的家务劳动中解放出来，利用空闲时间从职业农民培训中感受新的农业变化趋势，利用所学知识充实自己，开阔视野并扩大社会交往范围。同时，有助于提高留守妇女的文化修养，进而改善其对子女的教育质量和家庭生活质量，提升获得感。

二、农村留守妇女参与新型职业农民培训的现实问题

1. 留守妇女参与职业农民培训比率较低

留守妇女参与新型职业农民培训的比率较低，调查样本中参与培训的男性占 80.8%，留守妇女占 19.2%，两者相差 61.6%，差距很大（见图 1）。B 县农广校校长也谈到："我们县新型职业农民培训中占的比例还是较小。总共培训 600 人，

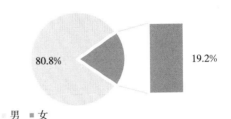

男　■女

图 1　参加职业农民培训的比率

女性只有不到 100 人。原因在于好多女性也要干农活，主要是干一些零散的或者不需要太多技术的农活，像打药施肥这种技术活一般都是男性农民在干，果园里女性做得最多的就是给苹果套袋，这算是相对简单一些的活；其次在家给孩子做饭，女性如果不上班就是家庭主妇，相当于家庭中的一个辅助角色，往往精力比较分散，参加培训的就比较少。"T 县 T 村的一位留守妇女也谈到："我也听说了很多有关新型职业农民培训的，但大多数去参加培训的都是男性，我身边去参加培训的妇女很少。而且我周围的村子对这个职业农民培训的宣传不到位，好多村民都没有收到通知，有时候我们村的村民培训完回来，其他村村民才知道这个消息。"

2. 现有培训内容与留守妇女需求不匹配，同质化问题突出

新型职业农民培训课程主要包括公共基础课和专业技能课两种类型，这两类培训内容与留守妇女需求均存在不匹配问题。首先，公共基础课方面，调研对象反馈接受过新型职业农民素养、涉农政策法规、生态农业、现代农业经营与市场营销、创办家庭农场等五类课程的比例为 22%、18.6%、23.2%、19.2%、15.3%，而实际需要上述课程内容的比例为 27.1%、8.5%、22%、23.7%、18.6%，分别相差 5.1%、10.1%、1.2%、4.5%、3.3%（见图 2）。其次，专业技能课方面，接受过创业技能、社会服务技能、农业生产技能、经营管理技能等的比例为 21.1%、22.7%、28.1%、28.1%，而实际需要上述课程的比例为 10.3%、10.3%、29.3%、50%，分别相差 10.8%、12.4%、1.2%、21.9%（见

图 3）。可见，留守妇女需要的培训内容和目前的已有内容存在不匹配。再次，农村留守妇女有提升自我能力的需求，她们更需要具有较强实用价值的知识技能，但现存的培训内容却"不接地气"，课程内容同质性问题突出。T 县 M 村的一位留守妇女提出："新型职业农民培训我去参加过几次，但是有的课程太枯燥，听着没什么实际作用，去了几次就不想去了，反而是妇联来我们村子举办的几期烹饪、编织的培训班特别有意思，学起来也很快，村里的妇女对此热情都很高。"

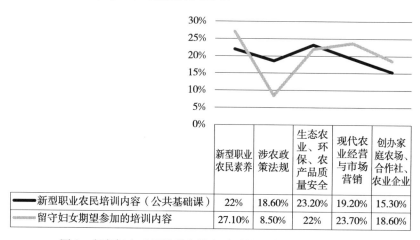

	新型职业农民素养	涉农政策法规	生态农业、环保、农产品质量安全	现代农业经营与市场营销	创办家庭农场、合作社、农业企业
新型职业农民培训内容（公共基础课）	22%	18.60%	23.20%	19.20%	15.30%
留守妇女期望参加的培训内容	27.10%	8.50%	22%	23.70%	18.60%

图 2　留守妇女已经接受和潜在需要的公共基础课培训内容

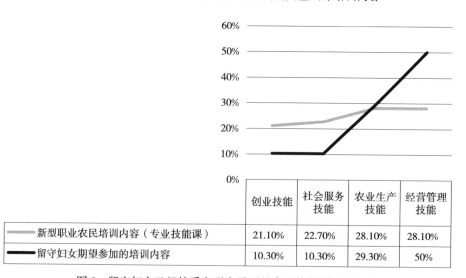

	创业技能	社会服务技能	农业生产技能	经营管理技能
新型职业农民培训内容（专业技能课）	21.10%	22.70%	28.10%	28.10%
留守妇女期望参加的培训内容	10.30%	10.30%	29.30%	50%

图 3　留守妇女已经接受和现在需要的专业技能课培训内容

3. 培训时间与留守妇女家庭及生产劳动时间存在冲突

陕西省新型职业农民培训大纲中明确规定：合理安排教学时间，教育培训机构要根据学员生产经营实际和农时季节特点组织教学，培训时间要符合农民生产生活节奏，农忙时多安排实践教学，农闲时多安排理论教学。然而，现实中，留守妇女参与培训最大的障碍就是时间冲突。调查发现，影响其参加新型职业农民培训的影响因素中，选择"没时间"的比例为42.7%，选择"获取渠道少"的比例为30.7%，选择"对政策不感兴趣"的比例为9.3%，选择"没人组织学习"的比例是13.3%，可见，没有空闲时间是留守妇女参与培训的最大阻碍（见图4）。个案调查也发现，很多农村留守妇女反映："我们平时需要照顾家庭、承担家务劳动、教育子女、进行高强度的农业劳作，空闲的时间是非常零散的，根本脱不开身，如果培训时间和农忙时间或是家庭事务冲突，我们可能不会牺牲额外的时间去参加培训。"

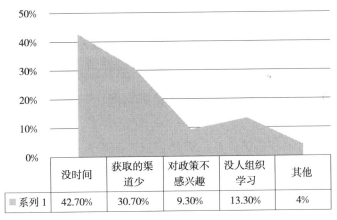

	没时间	获取的渠道少	对政策不感兴趣	没人组织学习	其他
系列1	42.70%	30.70%	9.30%	13.30%	4%

图4　影响留守妇女参加职业农民培训的因素

4. 培训方式多为班级授课形式的短期培训班，实效性不强

目前新型职业农民培训的方式有农民田间学校、广播电视教学、互联网教学、固定课堂教学、跟踪服务指导。调查样本中参与田间学校、广播电视、互联网、固定课堂和跟踪服务等教学方式的比例分别是17.1%、7.2%、6.3%、50.5%、18.9%，而留守妇女所期望的上述培训方式的比例是32.2%、10.2%、1.7%、40.7%、15.3%，两者相差15.1%、3%、4.6%、9.8%、3.6%（见图5）。其中固定课堂教学和田间学校这两种培

训方式的需求比例最大。其原因在于，集中于县乡培训中心或教学点进行的短期技能培训通常理论讲解多于实践教学，无法满足留守妇女对多样化培训方式的需求。Z县M村留守妇女谈到："当前培训多是开设一些短期的培训班进行单一的理论讲解，我们都是挤时间来参与培训，然而这种形式化的培训班没有可供学习的实质内容，导致很多妇女积极性受挫，兴趣大大降低。"

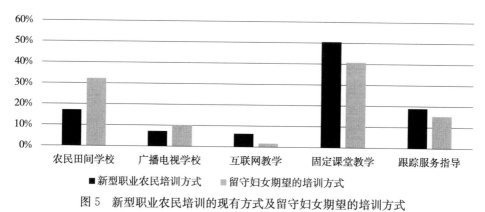

图5 新型职业农民培训的现有方式及留守妇女期望的培训方式

三、农村留守妇女参与职业农民培训存在问题的原因分析

1. 性别分层的固定效应导致职业培训政策缺少对留守妇女的实际关照

从性别分层的角度来看，男性在社会生活中的表现优于女性，女性通常被视为男性的附属品，所有活动都围绕家庭事务展开，女性在教育资源享有中处于劣势。一方面，农村地区普遍意义上"女不如男""男人才是家里顶梁柱"的性别歧视观念，导致地方政府在实施政策中忽视留守妇女的特征和需要。特别是新型职业农民培训中对学历、年龄等的限制，使学历较低、年龄较大的留守妇女难以参与培训。另一方面，地方政府和相关部门从经济利益的角度考虑主要以男性学员为主要培训对象，缺乏长远的人力资本投资意识，忽视女性在农村经济发展中的作用，导致在培训供给过程中忽视女性学员的参与比例。张抗私也提出："职业培训等成本相同的情况下，男女两性人力资本投资的回报率不同，女性人力资本投资的收益小于男性，这样的核算结果直接影响着个人、家庭以及社会的人力资本投资决策"。

2. 现有培训过程未切实考虑留守妇女的劳动分工角色冲突

劳动性别分工是将不同性别的人分配到不同收入的行业中去的社会分工机制。两性劳动分工固化女性在照料家庭方面的角色，而在城镇化进程中，留守妇女同样在农业生产领域具有重要的角色地位。而留守妇女恰恰在现实中遭遇上述两种角色的冲突，这是当前职业农民培训过程中没有充分关注到的。一方面，农村地区仍普遍认为妇女应在照顾老人、子女等家庭事务中发挥主要作用，如果参与农业生产，也应主要从事简单易操作、可以照顾家庭的工作，在不影响照顾家庭的基础上参与农业生产。而当前职业农民培训的课程和模式设计并没有考虑到上述客观需求，更多的是农业生产相关的课程，与留守妇女的实际需求不匹配另一方面，她们的家庭分工和劳动供给模式更多的是为确保外出务工丈夫的工资收入增长，这导致所有的家庭事务都由留守妇女自己承担，没有长时间段的空闲时间去参与培训。

3. 劳动力市场存在性别歧视，职业农民培训对于留守妇女的吸引力不足

劳动力市场的性别歧视主要来自传统观念和就业单位。一方面在传统观念的作用下，社会更强调女性在家庭中的作用和价值，另一方面就业单位追求利益最大化，女性培训成本偏高、整体发展潜能较低，所以他们更倾向于男性劳动力。相关研究也表明就业方面女性就业机会明显少于男性，两者之间的差距还在持续扩大。留守妇女在劳动力市场中相较男性而言，收益较少且所受的就业歧视往往更多，在劳动力市场受挫，导致留守妇女参与市场竞争的积极性下降，甚至有些留守妇女认为参加培训既浪费时间又浪费精力，拿到职业农民证书对就业没有帮助，还是会被就业市场排斥。也有一些留守妇女的想法是自己的能力不足，高学历的人都有失业或待业在家的情况，自己的文化程度有限，参加培训也学不会什么知识，还不如不参加。

4. 针对留守妇女培训的政策支持和配套服务不完善

首先，对于新型职业农民培训相关政策宣传力度不够，留守妇女很难了解到职业培训的优惠政策，也难以真正了解职业培训的重要性。各地方政府对于妇女相关的培训不够重视，趋于形式，没有统一的规划和管理，从而带来经费投入不稳定且随意性大的问题，有的地方即使制定了培训计划，但在实施过程中缺乏详尽的组织和安排，后续也没有合理的考核标准和激励机制，致使针对留守妇女的培训工作浮于表面。其次，农村公共服务体系仍不健全，尚未充分发挥出缓解留守妇女家庭照料压力的作用。农村留守妇女最大的压力来源于老人和小孩，需要公益性质的养老院和幼儿园来承担她们在生活方面的负担。但当前地方政府主要将财力投入到政绩较为明显的基础设施建设和文化活动场所，而对于村级养老院、普惠性幼儿园等的投入明显不足，且缺乏完善的管理机制，导致很多农村家庭养老和幼儿教育等需要依赖家庭。

四、农村留守妇女的新型职业农民培训完善对策

1. 加强政策倾斜，为留守妇女参与职业农民培训提供更多机会

要实现乡村的全面振兴和农村女性对发展成果的共享，就需建立起关于乡村发展和女性公平地享有发展成果的社会意识和社会共识。新型职业农民培训政府主导提供的教育服务，也同样要让广大农村留守妇女公平的享有。因此，首先，应采取倾斜性政策赋予留守妇女更多的培训机会，保障其平等地享有教育培训资源。建议各地区根据留守妇女总体数量，将培训指标单列，并适度放宽对留守妇女的条件限制，例如取消年龄限制，允许 50 岁以上留守妇女参与培训；参考以往的报名人数，分配一定数量的女性培训名额。其次，基层组织也应加强与留守妇女群体沟通，积极提供相关服务，例如妇联应积极组织，定期派工作人员入村与留守妇女座谈交流，了解留守妇女新的需求，协同农广校及其他相关培训单位组织开展符合留守妇女需求的职业培训。

2. 完善培训课程和培训模式，满足留守妇女培训需求

新型职业农民培训需要切实考虑留守妇女的实际需求。首先，在课程设置方面，应体现当地产业特色和留守妇女的个性化需求，可以针对不同地区产业发展和生产特色大力开展农村特色产业技能培训，调整课程设置，例如增加留守妇女感兴趣的家政、电子商务、手工编织、农家乐经营与管理等内容的培训。其次，培训模式要注重效率，做到时间短，课程种类多，课程内容精，把培训时间控制在合理范围之内。地方政府应通过征求留守妇女的意愿调整课时安排，充分考虑留守妇女当前的实际需求，在此基础上再开设相关课程。再次，要联系本地生产实际让培训不流于形

式，根据本地区生产实际和产业需求开设相关培训，例如本地区自然环境优美，适宜开展第三产业，可以依托产业发展开展对留守妇女的农家乐从业人员培训等相关的内容，让培训对象所受到的培训符合市场需求。

3. 增强职业农民培训吸引力，提升留守妇女参与培训的动力

首先，要引导留守妇女认识培训的有效性，让她们切身感受培训带来的经济效益和自身收益，可以邀请取得成功的女性职业农民分享自己的成功案例，通过讲座、入户宣传及网络媒体等形式宣传职业农民培训的重要性，使农村留守妇女能认识到培训所带来的真正实惠，增强其参与教育培训活动的积极性和自觉性。其次，在开展培训时将基础教育融入培训内容，一方面促进其知识水平的提高，另一方面也能使留守妇女更好地掌握培训知识。第三期中国妇女社会调查数据显示，农村高中及以上文化程度的女性仅占 18.2%，城镇则为 54.2%；可见，相比城镇女性，农村女性受教育水平整体偏低，这会间接影响留守妇女参与职业农民培训的质量，融入基础教育的相关知识可以使其更好的理解培训内容，取得良好的培训效果。有研究表明留守妇女的文化程度对留守妇女的技能需求有显著的正相关。文化程度越高，则对于技能需求越高，因此提高留守妇女的受教育程度能促进其培训效果的提升。

4. 完善政策保障和配套服务，确保留守妇女培训的有效性

农村留守妇女是一个相对特殊的群体，在参与职业农民培训中遇到的困难也具有特殊性，各级政府应从政策上保障她们顺利参与培训，为她们解除后顾之忧。首先，积极向留守妇女宣传介绍职业培训相关政策，加大参与新型职业农民培训的留守妇女的扶持力度，适度放低贷款要求，同等条件下优先选择农村留守妇女作为信贷支持对象，支持她们利用所学知识自主经营、积极创业，提高农业生产水平。其次，在农村增加老年福利院和托幼机构的数量，使家庭养老保障与社会养老保障相结合，可以多渠道筹集资金，创办公益性敬老院和育幼院，为农村孤寡老人提供温馨的生活环境，为幼儿提供有趣的成长环境，这样有利于适当减轻留守妇女的压力，让她们无需把大量时间精力投入在家庭事务中，从而腾出时间提升自身人力资本水平，确保其及时参加职业农民培训并提升培训的有效性。

原文发表在《中国成人教育》，2019（19）：87-91.

新型职业农民培育政策的绩效评估及改进

——基于 CIPP 评估模型

张笑宁　赵　丹　陈遇春

一、问题提出

伴随城镇化进程，农村大量青壮年进城务工，农村发展"空心化、老龄化"问题日益突出，给农业现代化发展带来诸多挑战。为此，国家提出"培育新型职业农民"重大举措来带动农村产业发展，从而推进农业现代化进程。2012—2018 年连续七年的中央一号文件明确提出培育新型职业农民，特别是 2018 年中央一号文件明确提出："全面建立职业农民制度，完善配套政策体系，实施新型职业农民培育工程"。可见，新型职业农民的培育工作对我国农业现代化进程和未来农业发展至关重要。但是，新型职业农民培育政策在我国刚刚起步，县级政府作为微观政策制定者和政策实施者在政策实施中还存在很多问题。因此，进行科学有效的政策绩效评估至关重要。目前，CIPP 评估模型作为世界上应用最广泛的评估模型，能够从背景、资源投入、培训过程、培训效果四个维度为新型职业农民培育政策提供基本评估框架。因此，本研究在实地调研的基础上，以 CIPP 为基本框架，从背景评估、投入评估、过程评估、产出评估四个方面对县级政府制定和实施的新型职业农民培育政策进行评估，并探究其现实问题，从而提出提升机制。

基于上述目的，研究选取陕西省延长县、佛坪县、留坝县、太白县、宁强县、宁陕县六个县作为调研地，通过问卷调查、访谈、个案研究等方法获得一手数据。其中，问卷发放 326 份，回收 311 份，回收率 95.4％。其次，在问卷调查的基础上，课题组采用访谈法来弥补定量研究的不足，深入了解农民对新型职业农民培育政策的意见和建议。最终，结合定量与定性评估结果，剖析新型职业农民培育政策现存在的问题，并提出具体可行的对策建议。

二、基于 CIPP 评估模型的新型职业农民培育政策评估框架

CIPP 评估模型最早由斯塔弗尔比姆于 1971 年提出，该模型将评估贯穿于整个政策活动，包括政策问题分析、政策制定分析、政策执行过程的相关问题分析、政策效果分析等，每一部分又包含子项目。基于 CIPP 评估模型，新型职业农民培育政策的评估框架也将从"背景、投入、过程、产出"四个环节展开（见图 1）。具体来说，第一，背景评估是指通过实地调研了解培训对象的实际需求，分析政策目标是否符合农民的实际情况及政策实施方案是否具有可行性以及实施政策所面临的障碍；第二，投入评估即评估新型职业农民培育政策方案、计划和服务的策略是否满足农民的实际需求，培训资源是否充足以及确定是否需要外界的帮助；第三，过程评估主要是对新型职业农民培育政策的执行过程进行评估，一方面获悉政策执行者在实施政策过程中是否遵守政策步骤，判断政策执行者在政策实施中是否出现政策不作为或者重大失误等，另一方面根据农民对政策的反馈信息协助政策执行者确认政策中存在的问题，以根据现实情况适当修补政策；第四，产出评估的目的是测量、阐释新型职业农民培育政策的成效以及农民对政策的满意度等。

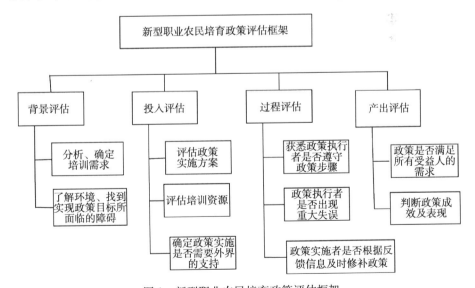

图 1　新型职业农民培育政策评估框架

三、基于 CIPP 评估模型的新型职业农民培育政策评估结果

（一）背景评估

1. 培育目标过分考虑供给侧，未充分考虑农民实际情况

确定培育目标是整个政策动态过程的起点，需要充分考虑政策实施对象的实际情况。但是现实中，新型职业农民的培育目标过分考虑供给侧，认为未来的新型职业农民应该是高学历、高素质和高收入的群体，因此将培育目标定为"初级职业农民应具备初中以上文化程度并且收入应达到当地农民人均纯收入的5—10倍；中级具备高中或中专以上文化程度；高级具备大专或相当于大专以上的文化程度"。但是，现实中很少有农户能够达到上述要求，很多县级政府为完成培训任务，不得不将学历低的农户纳入培训范围，导致培育目标难以完成。如调研数据显示，在新型职业农民群体中，小学及以下学历的农民占54.1%，初中学历占32.1%，中专或高中占10.8%，大专或本科学历占3%，本科及以上为0%（见图2）。年人均纯收入低于3万元的农民占97.3%，年均纯收入3万—7万元的农民占1.7%，年人均纯收入超过10万元的农民仅占1%（见图3）。可见，在被认定的新型职业农民群体中，超过一半的农民没有达到相应的学历要求，97.3%的农民达不到政策规定的收入要求。培育目标的制定与农户实际情况相脱离，直接影响到政策过程和结果难以达到预期。

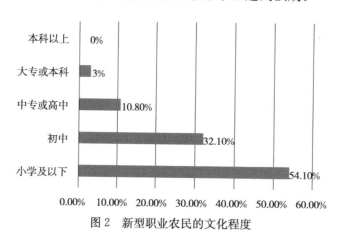

图 2　新型职业农民的文化程度

2. 自然环境较差的地区难以保证培训规模和质量

自然环境是一个地区生存和发展的物质基础，是构成教育政策系统最

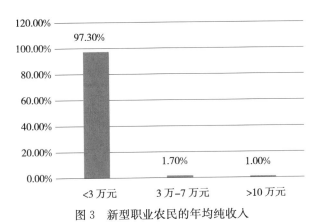

图 3　新型职业农民的年均纯收入

基本、最稳定的要素。多数情况下，自然环境较差的地区直接影响其经济发展水平，导致基础设施、教育资源条件长期滞后。在调研中发现，陕西省汉中市佛坪县地处秦岭腹地，山多地少，交通不便利，先进农业思想和技术传入滞后，农业现代化起步晚且发展缓慢。在这种情况下，农业生产以散户居多，符合政策规定的种养大户、专业合作社少，并且农民对新型职业农民培训认识不足，参与积极性不高，难以保证培训的规模和质量。相反，主打旅游产业的留坝县地理位置优越，基础设施相对完善，培训效果也较为乐观。留坝县一位负责职业农民培训的教师表示，农民很愿意参加培训，很多人自己开车过来听课。由此可见，自然条件较差、基础设施不完善直接影响新型职业农民培训的规模和质量。

（二）投入评估

1. 县级政府制定的培训实施方案不具体，培训内容无法满足各类农民需求

县级政府作为微观政策制定者和政策执行者，如果制定的政策实施方案不具体，就难以保证政策因地制宜地推进以及政策目标的达成。在现实中，县级政府在制定新型职业农民培训实施方案时往往是根据省级政策文件做框架性的安排，缺乏科学全面的规划，培育内容无法满足各类农民的需求。如陕西省 D 县实施方案为：根据农业不同岗位和不同产业，结合《陕西省新型职业农民教育培训大纲》，按照专业化、技能化、标准化的要求确定培育内容，主要包括岗位专业知识、相关专业技能、职业道德与能力要求、政策法规、经营管理和安全生产、农产品质量安全生产等。可见，D县的新型职业农民培育实施方案中的培育内容与陕西省新型职业农民培育大纲大同小异，甚至将省级新型职业农民培训方案简化了。

此外，培训内容的设计缺乏科学性和创新性。但是根据调研数据显示，对"培训内容满足自身发展"这一问题，14.8%的农民表示完全不同意，20.8%表示不同意，10.6%表示说不好（见图4）。可见，将近一半的农民对培训内容满足自身发展提出了质疑，认为培训内容没有满足自身的发展。此外，对"培训内容具有科学性、创新性、可行性、持续性"等问题，农民选择"完全不同意"的比例分别为15.7%、28.5%、22.7%、33.6%，选择"不同意"的比例分别为18.3%、26%、18.7%、23.9%。可见，超过一半（57.5%）的农民认为培训内容没有持续性，不同科目之间缺少联系。54.5%的农民认为培训内容的创新性有待提高，培训内容应该及时更新知识体系。还有将近一半的农民对培训内容具有可行性表示完全不同意或者不同意，认为培训内容实践性不强，不能指导他们的农业生产。由此可以看出，培训内容还没有满足全部农民自身发展需要，内容的科学性、创新性、可行性、持续性有待提高。

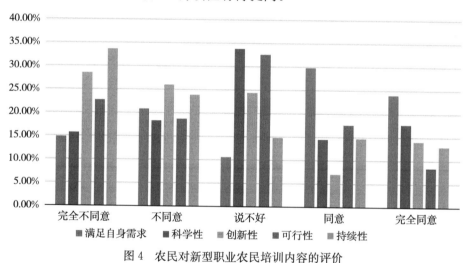

图4　农民对新型职业农民培训内容的评价

2. 新型职业农民培训缺乏高水平师资

现阶段的新型职业农民培训缺少高水平合格的教师，大多数培训教师对农村实际了解不够，讲授文化知识多，讲授实用技术少，虽然部分老师熟悉农村，但理论知识结构单一，培训方法陈旧，前沿技术匮乏，而且很多地方的培训教师是农广校的工作人员或者是临时抽调的兼职人员。此外，数据显示，在培训教师群体中，初中及以下学历的占38.1%，中专或高中学历的占38%，大专或本科学历的仅占23.9%（见图5）。可见，初中及以下学历的培训教师比例最高，高学历的培训教师较少。新型职业农民培训缺少高水平的教师，导致培训内容缺乏系统性、降低了新型职业农民培训质量。留坝县一位职业农民说："在教我们餐桌摆盘的时候，老师说盘子距餐杯一厘米合适，这些职业农民都问一厘米是多远。在一堆人坐在桌子上等着吃饭的时候，不可能为了美观拿个尺子量着摆放吧？有经验的服务员会用手指头去比着摆，所以新型职业农民培训需要优秀的教师，否则很难让农民信服。"

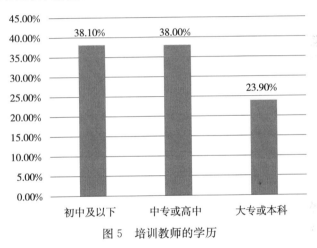

图5 培训教师的学历

3. 偏远贫困地区缺少财政资金和实训基地，基础条件薄弱

新型职业农民培育作为一项公共政策，其资金主要来源于中央财政和省财政，其他获取渠道较少，尤其是偏远贫困地区，培育资金严重不足。《陕西省2016年新型职业农民培育工作实施方案》中指出："中央财政补助资金主要用于职业农民需求调研、集中培训及实训、参观交流、聘请师资、信息化手段利用等，严禁以现金或实物形式直接发给农民个人，具体补助标准为每人3 000元。"但是在调研中发现，每个农民实际培育费用已经超出3 000元，陕西省F县农广校工作人员谈到："除去聘请教师、租赁培训场地、联系示范园等必要花费之外，农民的交通费和食宿费、教师培训、办公经费、资料印刷费、水电费以及日常的花费等全部都要从3 000元中支出，中央财政补助的3 000元远远不够实际花费的，再加上新型职业农民培育工作具有长期性的特点，现有的资金无法保证培育政策顺

利完成。"此外，前已述及，偏远贫困地区基础设施不完善，农业现代化发展缓慢，缺少培训及创业孵化基地，这都不利于新型职业农民培育政策的顺利实施。因此，如何通过差别化财政补贴和吸引社会资金来增加贫困地区的培育资金、改善贫困地区的基础条件，是提高贫困地区新型职业农民培育质量的关键。

（三）过程评估

1. 部分政策执行者未严格遵守政策步骤，部分培训流于形式

政策执行结果的偏差往往来自行为的偏差，部分政策执行者在新型职业农民培育政策实施过程中未严格遵守政策步骤，执行结果偏离了预定的政策目标。调查数据显示，对"实际培训与宣传一致"这一问题，4.1%的农民完全不同意，8.8%的农民不同意，16.1%的农民说不好，对"及时获得培训信息"这一问题，11%的农民完全不同意，11%的农民不同意，25.2%的农民说不好，由此可见，新型职业农民培训的宣传工作仍存在不足，实际的培训工作与所做的宣传存在差距。宁陕县小川村一位农民谈到："我觉得培训多是走形式，我之前参加过一次培训，后来因为要经营商店，就没继续参加，结果培训结束后还给我发了结业证书和小礼品，还专门打电话告诉我如果有相关部门打电话咨询问题，一定要说参加过培训，培训效果挺好的。"此外，《陕西省新型职业农民培育认定管理办法》规定，农业技术人员与职业农民结对子，建立一对一或一对多帮扶指导关系，每月开展 2—3 次技术或政策指导服务，帮助职业农民发展产业。但是在现实中，帮扶活动往往是表面工作，很多农民表示没有享受到帮扶活动，甚至没有听说过有新型职业农民帮扶活动。一位农民谈到："如果能够根据我家的实际情况给我出出主意，这样比培训也不差，既不耽误农活，还能学到技术，这真的很好。"

2. 政策执行者在选取培育对象的过程中出现失误，培育对象泛化

政策客体的身份界定、目标群体的选择直接关系到政策的性质、运行。新型职业农民培育对象是具备培育条件的农民。根据《陕西省新型职业农民培育认定管理办法》，参加初级职业农民培训的农民应满足年龄在 18—55 岁，初中学历，收入应达到当地农民人均纯收入的 5—10 倍等条件。但是，由于很多农民不符合政策规定的要求，政策执行者在选取培训对象的过程中也放松了参加培训的限制条件，将年龄超过 55 岁、学历为小学、收入没有达到要求的农民也纳入新型职业农民培育对象（见图2）。再如，以陕西省T县为例，很多农民只要在村委会开相关证明，就可以参加新型职业农民培训，这样一来，将很多不符合政策规定的农民纳入培育范围，导致培育对象泛化。T县一位培训教师谈到："由于大多数农民不符合政策要求的条件，所以在执行过程中没有严格按照政策要求遴选培育对象，只有在村委会开职业道德证明、产业规模证明、辐射带动和保护环境证明就可以参加职业农民培训。"

3. 大部分政策执行者未征集过反馈信息，没有根据现实情况及时修补政策

政策执行者收集政策主体对政策的反馈信息是优化政策的重要环节，政策执行者只有及时根据每一环节的反馈信息，不断地调整计划，才能使政策更加完善优化。但是在调研中发现，43.5％的政策执行者没有征集过农民对政策的反馈信息，23.5％的政策执行者不清楚（见图6）。由此可见，部分政策执行者在政策实施过程中存在工作失误，未收集农民对政策的反馈。此外，部分政策执行者即使收集了反馈信息，但是并未及时根据农民的现实情况及时修补政策。前已述及，农民认为培训内容的科学性、创新性、可行性、持续性有待提高。但是调研中发现，即使政策执行者了解到农民的培训诉求，但是并没有做出实质性行动来修补政策的不足。一位高级职业农民谈到："现在职业农民培训的课程分为理论课程和实践课程，实际操作对农民的帮助很大。但是理论课程的讲授总是千篇一律，无论是初级课程还是中高级课程总是农民素养、阳光心态这些课程，特别枯燥。个人认为应该设立一些'特色鲜明、内容全面、优势明显、重点突出'的精品课程，上初级课程的时候就向老师反映过，但是现在高级职业

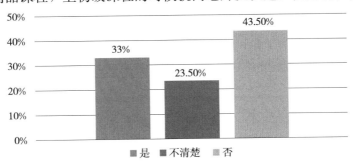

图6　是否征集农民对政策的反馈

农民的培训课程还与初级培训课程没有太大的差别。"

（四）产出评估

1. 新型职业农民培育政策的满意度亟待提高

政策的满意度是反映了农民对新型职业农民培育政策的认可程度，是评估政府绩效的主要指标。农民作为职业农民培育政策的主体，他们参与政策绩效评估，可以提供最直接、最真实的信息。数据显示，在所有新型职业农民群体中，对"政策促进当地产业发展"这一问题，选择"完全不同意"的农民占13.2%，选择"不同意"的农民占19.5%，选择"说不好"的农民占23.2%，另外对"及时获得产业支持"这一问题，选择"完全不同意"的农民占28.2%，选择"不同意"的农民占21%，选择"说不好"的农民占21.3%（见图7）。由此可以得出，在新型职业农民群体中，超过一半的农民认为自己没有及时获得产业支持，政策并没有促进当地产业的发展，政策的影响力还有待提高。此外，对"您对当地的职业农民培育政策是否满意"这一问题，14.7%的农民表示对政策完全不满意，16.7%的农民对政策不满意，21.4%的农民选择"说不好"这一选项（见图8）。可见，52.8%的农民对新型职业农民培育政策还不是很满意。基于此，如何使新型职业农民培育政策更好地贴近农民的实际情况，让农民能够从中获益，是提高新型职业农民培育政策满意度的关键。

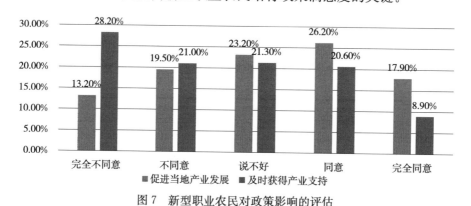

图7　新型职业农民对政策影响的评估

2. 新型职业农民证书未发挥实际用处，农民未获得应有的政策优惠

新型职业农民培训证书不单单表示农民完成了培训课程，也是一种新型职业农民的身份象征。但是，现实中新型职业农民证书的含金量不高，获得证书的农民并没有因为获得证书而享受到应有的政策优惠。调查数据

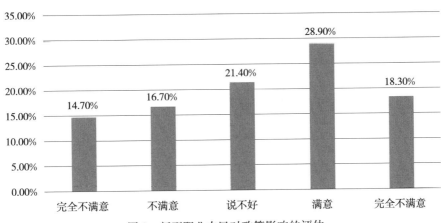

图 8　新型职业农民对政策影响的评估

显示，46.1%的农民没有享受过财政补贴，75.4%的农民表示没有获得金融保险，72.9%的农民表示没有获得土地流转的优惠（见图 9）。如陕西省 B 市与中国邮政储蓄银行当地分行达成协议，符合条件的中、高级职业农民及部分优秀的初级职业农民通过邮政储蓄银行贷款可以解决生产经营中资金缺乏的困难，但是在访谈中了解到，农民申请贷款并没有申请成功。此外，很多农民认为有无证书意义不大，既不能为他们带来经济上的直接利益，也不能为他们找工作提供便利。"一位高级职业农民谈到：虽然现在我是高级职业农民，拿到了高级职业农民证书，但是并没有什么用处，想去自己创业没有资金，想去大农场工作人家不认可这个证书，雇主认为农民就是农民，分了等级不也是农民吗，什么时候职业农民的证书能和大学生证书同等价值，农民就都想学了。"

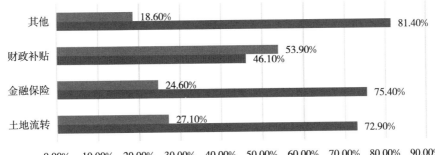

图 9　新型职业农民获得的政策优惠

四、提升新型职业农民培育政策绩效的对策建议

（一）提升培育目标与实际对象契合度，并充分考虑地区差异

美国著名经济学家舒尔茨提出："任何制度都是对实际生活中已经存在的需求的响应。"新型职业农民培育政策作为一项旨在提高农村人力资本的公共服务政策，应充分考虑农民的实际情况，满足农民的需求。从长远来看，应改变原来以学历、收入、生产规模等硬件条件来限制农民参加培训，而应该放宽对培训对象的条件限制，让广大农民平等参与培训、共同分享现代化成果，推动农民由身份向职业转变。此外，自然环境、基础设施对新型职业农民培训政策的实施起着至关重要的作用。因此，县级政府在制定新型职业农民培训政策实施方案时，一定要充分考虑到本地区的实际情况和农民的实际需求，分类型、分产业、分等级制定培训标准，设置培训模块和培训课程，组建教学班，合理调配师资力量，开展精细化培训。正如《"十三五"全国新型职业农民培育发展规划》指出："围绕提升新型职业农民综合素质、生产技能和经营管理能力，科学确定相应培训内容。"

（二）增加人力、物力、财力的投入，确保培训资源充足

新型职业农民培训是新型职业农民培育政策的重要环节，充足的人力、物力、财力是新型职业农民培训顺利实施的前提条件。如果新型职业农民培训难以获得充足的培训资源，将严重影响培训质量。正如《"十三五"全国新型职业农民培育发展规划》指出："高水平师资缺乏，实训及创业孵化基地、信息化手段等基础条件薄弱，社会资源广泛参与的机制不活，这与现代农业建设加快推进、新型农业经营主体蓬勃发展的需要不相适应。"因此，为确保培训资源充足，县级政府要制定扶持政策，加大经费投入，改善培训条件，营造良好氛围。首先，政府为新型职业农民培训遴选优秀的培训教师，完善师资选聘管理制度，建立开放共享的师资库，培育双师型教师，建设精品课程，鼓励各地优先选用优质教学资源，确保培训质量。其次，政府还要加强基地建设，遴选建设一批全国新型职业农民培育示范基地，改善办学条件，提供高水平高质量的教学设备，完善信息化教学手段；最后，政府还要建立以政府财政为主导的多元投资机制，吸引社会组织为新型职业农民培训注资，保证培训资金充足。

（三）强化政策监督机制，保证政策落实

为了新型职业农民培育政策能够顺利有效地实施，必须强化政策监督机制，对政策实施的每一环节实施监督管理，及时根据农民的反馈信息对政策做出调整，优化政策，避免部分政策执行者在政策实施过程中出现执行偏差、政策不作为的情况。为保证新型职业农民培育政策的顺利实施，《"十三五"全国新型职业农民培育发展规划》指出："各地要将新型职业农民培育纳入农业现代化和粮食安全省长责任制、'菜篮子'市长负责制考核指标体系，建立工作督导制度，制定新型职业农民培育工程项目绩效考核指标体系，建立中央对省、省对市县绩效考评机制。"进一步解释为，在理顺各级政府监督考核职责范围的情况下，建立中央对省、省对市县绩效考评机制，确定奖罚机制；其次，地方政府要对政策执行者实施个人问责制，将农民的满意度作为考核的重要指标，将考核结果与个人工资直接挂钩，杜绝部分执行者不作为。此外，《农业部办公厅关于做好2017年新型职业农民培育工作的通知》（农办科〔2017〕29号）指出："探索管理运营机制，建立科学、量化、动态考评制度，采取政府购买服务等方式开展在线学习、成果速递和跟踪服务。"只有建立强有力的监督考评机制，才能保证政策顺利实施。

（四）完善就业准入机制，提升农民对培训的满意度

新型职业农民证书未在劳动力市场发挥作用，归根结底是因为就业准入制度不完善。所谓就业准入制度就是从事技术复杂、通用性广、涉及国家财产、人民生命安全和消费者利益的劳动者，必须经培训后取得相应的职业资格证书后方可上岗。新型职业农民证书作为一种新的职业证书还未被劳动力市场认可，不能为农民的创业就业提供方便，农民对培育政策满意度不高。这就需要完善就业准入制度，《国务院关于印发全国农业现代化规划（2016—2020年）的通知》指出，"促进农村人才创业就业，建立创业就业服务平台，强化信息发布、技能培训、创业指导等服务。"因此，政府要及时将新型职业农民证书纳入劳动力市场，提高新型职业农民证书的含金量，落实相关激励保障政策。只有这样才能真正激发农民参加职业农民培训的热情，促进新型职业农民培训政策的落实。

原文发表在《职业技术教育》，2018，39（16）：63-67.

终身教育视角下新型职业农民培训的多元需求及政策启示

——基于 Multinominal Logit 模型的实证分析

樊　筱　赵　丹

一、研究缘起

随着我国新型工业化和城镇化的推进，大量农村劳动力向二、三产业转移，农村地区出现大量空心村，农业劳动力缺失、农业生产率低成为影响新农村建设和现代农业转型的现实问题。由此，为解决农村劳动力人口数量和质量的双重瓶颈问题，2012—2016 年中央一号文件连续五年强调"积极发展农业职业教育，大力培养新型职业农民"，即要求"培育以农业生产、经营或服务作为主要职业，具有较强的自我管理和市场竞争意识，能够经营现代农业生产的劳动者"。因此，从现实背景和高层政府文件中可以看出，新型职业农民培训活动已成为促进我国新型城镇化进程的关键。

从理论视角看，终身教育理论可以说是为我国新型职业农民培训需求研究提供了重要基础。该理论最早由法国教育学家保罗·朗格朗提出，它是指"人的一生的教育与个人及社会生活全体的教育的总和"。之后，联合国教科文组织（UNESCO）终身教育部部长 E. 捷尔比进一步丰富了终身教育理论："终身教育是学校教育和学校毕业以后教育及训练的统和，它不仅是正规教育和非正规教育之间关系的发展，而且也是个人（包括儿童、青年、成人）通过社区生活实现其最大限度文化及教育方面的目的，而构成的以教育政策为中心的要素。"进入 21 世纪，终身教育被赋予更大的灵活性和实用性，人们可以根据自身的特点和需要选择最适合自己的学习。具体表现在任何需要学习的人，可以随时随地接受任何形式的教育。学习的时间、地点、内容、方式均由个人决定。可见，终身教育过程中，不同类型学习者在其一生发展的各个阶段，都有不同的学习需要，他们在不同时期、不同场所、通过向不同教育者学习和更新自己的知识体系和职业技能，获得人力资本提升。那么，基于终身教育理论，新型职业农民培训的终身性体现在两个方面：其一，新型职业农民培训活动是成人阶段超越正规教育的继续教育。培训活动能克服传统农民固有的教育背景较差、生产技能较低的先天劣势，让农业生产经营者通过继续教育，获得自主生产、经营和管理农业生产的新技能，提升自身人力资本。其二，我国新型职业农民培训呈现多样化的需求。在培训过程中，农民受到自身职业身份、教育背景、经济水平、居住地经济社会发展情况等多重因素的影响，对职业培训提出多样化的需求。这不仅是终身教育在新型职业农民培训中的又一重要体现，也是当前我国新型职业农民培训面临的棘手问题，是其政策转型的必要依据。

同时，新型职业农民及培训需求问题逐渐引起学术界的关注。就国内文献来看，仅有少数学者对于新型职业农民培训需求进行研究。其中，朱奇彪（2014）基于规模种植业新型职业农民参与技能培训意愿因素研究，分析不同变量对培训意愿的影响。但是，他的研究对象仅局限于规模种植业农民，未对新型职业农民整个群体进行定量研究。此外，植玉娥、庄天惠（2015）基于成都市新型职业农民培训需求研究，认为新型职业农民培训需求表现是以提高技能、学习经营管理知识为目的，期望培训内容全面化、培训方式以集中上课与现场指导相结合。易阳（2014）针对湖北省新型职业农民培训需求情况进行调查，研究结果表明农业经营者注重培训内容的实用性，对培训形式需求多样化。但是两者都是基础描述统计性研究，缺少对新型职业农民培训需求的微观探究。

另外，其他多数学者是针对新型职业农民的概念、问题、政策发展方向等方面进行的研究。第一，概念方面，郭智奇（2012）认为新型职业农民是指从事农业生产经营作为自身职业的人员，具有较高的科技文化素质、专业生产技能和职业道德；具有较高的自我发展能力和市场竞争意识；具有稳定的工作岗位和收入来源。朱启臻（2013）指出新型职业农民首先是农民，此外还须是市场主体，具有高度的稳定性把务农作为终身职业和高度的社会责任感和现代观念。第二，问题方面，单武雄（2014）认为新型职业农民培训过程中存在的问题包括：农村劳动力整体素质直接影响新型职业农民培训；新型职业农民培训体系缺乏统筹协调；农民培训参与率不高，难以形成新型职业农民培训气候；职业农民生产经营项目单一、规模偏小，难以形成示范效应。第三，政策方面，吴易雄（2014）认为培训新型职业农民培训活动需要集聚各方力量，建立政府推动、部门联动、政策促动、市场带动、农民主动的"五轮驱动"机制。

可见，目前针对新型职业农民培训需求的研究较少且对于新型职业农民的研究仍处于描述统计和理论分析阶段，很少学者采用计量统计模型，从微观视角对新型职业农民培训需求进行深入探究。基于此，本文以陕西省太白县为例，采用 Multinomial Logit 计量模型的方法，对新型职业农民对培训内容需求进行深入分析，并提出相应的政策建议，以期为新型职业农民培训政府部门提供政策参考。

二、研究数据和计量模型

（一）数据来源和抽样

为了解当前农村新型职业农民培训需求状况，2014 年 8 月，课题组采用分层抽样和随机抽样的方法，调查地点选择在陕西省太白县经济发展水平低、中、高的寺院村、梅湾村和塘口村三个村庄，进行了实地问卷调查和访谈，调查涉及被访者的个人特征、培训现状和培训需求等方面内容。调查方式以入户采访和问卷调查为主，并发放 230 份问卷，有效问卷为 222 份，回收率为 96.5%。

（二）模型建构和变量说明

1. 模型建构

在问卷中，被访者被问到如下问题"您期望接受哪种类型的培训？"可选择的答案有：1. 文化基础知识；2. 经商技能；3. 农业技能；4. 农产品市场营销信息；5. 农业新品种。以上 5 种选择为无序多类别变量，因此，本文采用 Multinomial Logit 模型进行分析。根据 Multinomial Logit 模型方法，当因变量有 j 类别结果时，并且各个类别无顺序之分，需将其中的一类结果作为参照结果，并将这一类参照结果与其他类别结果两两相对构建出 $j-1$ 个方程进行回归分析。本文以愿意接受农业新品种为参照项，所构建的多项逻辑回归的模型如下：

$$\text{Log} \frac{P_{ji}}{P_{ki}} = f\ (X_i)\ +\varepsilon_i \qquad (1)$$

把（1）式中的影响因素 X 展开，得到如下方程：

$$\text{Log}\,\frac{P_{ji}}{P_{ki}} = f\,\{sex,\ age,\ edu,\ job,\ inc,\ ave,\ sat,\ wil\}$$

(2)

式中 P_j、P_k 分别代表农户选择 j、k 种培训内容的概率，$j \neq k$。相关变量 X_i 的定义，见表1。

表1　解释变量及相关定义

变量类型	变量名称	定义及单位
个体特征	性别	户主性别，1＝男性；0＝女性
	年龄	年龄（岁）
	受教育程度	1＝小学及以下；2＝初中；3＝中职中专或高中；4＝大学及以上
	是否有第二职业	1＝是；0＝否
家庭因素	家庭年均收入	最近五年的年均总收入（元/年） 1＝5000 以下；2＝5001－15000；3＝15001－30000；4＝30000 以上
	家庭人均土地面积	家庭总耕地面积/家庭总人数（亩/人） 1＝0；　2＝0.01－1；　3＝1.01－2；　4＝2 以上
	家庭总人数	家庭总共的人数（人）
其他诱导因素	现有农业技能满足度	1＝满意；0＝不满意
	培训意愿	1＝愿意培训；0＝不愿意培训

2. 变量选取和假设说明

根据理论模型、研究目的及已有文献，本研究选取的解释变量（农户培训内容的需求类别）包括：1＝文化基础知识；2＝经商技能；3＝农业技能；4＝农产品市场营销信息；5＝农业新品种。对于被解释变量来说，新型职业农民培训内容需求的影响因素很多，其中个体特征如农户的年龄、性别、经济状况等是最主要的因素。因此，在解释变量选取中，我们首先考虑被调查者个体特征变量影响，再考虑家庭变量影响，最后考虑其他诱导因素。由此，本研究提出以下假设：

假设一：个体特征会影响新型职业农民对培训内容需求的选择。培训对象特征主要包括性别、年龄、受教育程度、是否有第二职业。

假设二：家庭特征对新型职业农民培训内容需求有重要影响。这类因素主要包括家庭年均收入，人均土地面积和家庭总人数。

假设三：其他诱导因素也会影响新型职业农民培训内容需求。这些相关因素主要包括对现有农业相关技术的满意度和参与新型职业农民培训活动的意愿（见表2）。

表2　影响新型职业农民选择培训内容的因素及预期的影响方向

| 变量类型 | 影响因素 | 对新型职业农民培训内容需求选可能的影响方向 | | | | |
		文化基础知识	经商技能	农业技能	农产品市场营销信息	农业新品种
个体特征	性别	+/−	+/−	+/−	+/−	+/−
	年龄	−	−	+	+	−
	受教育程度	+	+	+	+	+
	是否有第二职业	−	+		+	
家庭因素	家庭年均收入	+	+	+	+	+
	家庭人均土地面积	+	+	+	+	+
	家庭总人数	+	+		+	+
其他诱导因素	现有农业技能满足度	−	−			−
	培训意愿	+	+	+	+	+

三、模型回归结果分析

本研究运用SPSS19.0软件，采用强制进入策略对模型进行估计，模型系数的检验显示：$-2loglikehood$ 值为 535.690；NagelkerkeR^2 为 42.3%，说明模型的拟合度较好。模型结果表明，理论假设中的个体特征、家庭特征和其他因素对新型职业农民培训活动均具有显著影响（见表3）。

表3　新型职业农民培训内容需求的模型结果表

| 解释变量 | 1. 文化基础知识；2. 经商技能；3. 农业技能；4. 农产品市场营销信息；5. 农业新品种 | | | |
	Log (P_1/P_5)	Log (P_2/P_5)	Log (P_3/P_5)	Log (P_4/P_5)
个体特征				
性别	−1.095*	−1.369**	−7.83**	−0.565
	(0.576)	(0.683)	(0.418)	(0.639)
年龄	−0.024	−0.13	0.016	0.011
	(0.023)	(0.25)	(0.016)	(0.022)

（续）

解释变量	1. 文化基础知识；2. 经商技能；3. 农业技能； 4. 农产品市场营销信息；5. 农业新品种			
	Log (P_1/P_5)	Log (P_2/P_5)	Log (P_3/P_5)	Log (P_4/P_5)
受教育程度（以大学及以上为参照）				
小学及以下	−2.592*	15.612***	−1.103	−3.707**
	(1.434)	(0.937)	(1.265)	(1.538)
初中	−2.876**	16.531***	−0.736	−2.811**
	(1.382)	(0.614)	(1.216)	(1.368)
中职中专或高中	−2.478	17.714	−1.116	−1.782
	(1.409)	(0.000)	(1.251)	(1.370)
是否有第二职业	−2.033***	0.326	0.140	−0.589
	(0.714)	(0.619)	(0.420)	(0.657)
家庭因素				
家庭年均纯收入（元/年） （以 30 000 以上为参照）				
5 000 以下	−5.74	−1.153	−0.608	−0.255
	(1.097)	(0.980)	0.706	(1.001)
5 000—10 000	0.190	−1.441*	−0.545	−0.089
	(0.051)	(0.810)	(0.564)	(0.832)
10 001—30 000	1.613**	−0.782	−0.317	−0.029
	(0.775)	(0.758)	(0.540)	(0.803)
家庭人均土地面积（亩/人）（以 家庭人均土地面积 2 以上为参照）				
家庭人均土地面积为 0	−0.352	2.861**	−0.141	0.720
	(1.322)	(1.193)	(1.044)	(1.286)
家庭人均土地面积 0.01—1	0.734	1.099	−0.321	0.694
	(1.054)	(0.883)	(0.541)	(0.782)
家庭人均土地面积 1.01—2	0.207	0.512	−0.252	−0.445
	(0.083)	(0.958)	(0.519)	(0.893)
家庭总人数	0.245	0.029	0.078	0.228
	(0.247)	(0.225)	(0.161)	(0.220)
其他诱导因素				
现有农业技能满意度	0.020	0.041	0.469*	−0.165
	(0.353)	(0.419)	(0.263)	(0.392)
培训意愿	0.302	0.159	1.055**	−0.341
	(0.564)	(0.671)	(0.414)	(0.630)

（续）

解释变量	1. 文化基础知识；2. 经商技能；3. 农业技能； 4. 农产品市场营销信息；5. 农业新品种			
	Log（P_1/P_5）	Log（P_2/P_5）	Log（P_3/P_5）	Log（P_4/P_5）
—2loglikehood=535.690；	NagelkerkeR^2=0.423；		Cox&SnellR^2=0.401	

注：*、**、***分别表示在10%、5%、1%的水平上显著，括号内数字为系数的标准误。

（一）个体特征对新型职业农民培训内容需求的影响

1. 性别因素：性别变量对农户的文化基础知识、经商技能和农业技能培训需求具有显著负影响。其含义在于：以文化基础知识为例，女性与男性相比，在分别将文化基础知识、经商技能、农业技能这三类培训内容与参照项"农业新品种"对比时，女性体现出"更愿意选择农业新品种"的倾向。而与之相对比，男性更愿意接受农业技能，经商技能和文化基础知识方面的培训。其原因可能在于男性农户是农业生产中和家庭经济来源的主力军，他们投入更多的时间从事农业生产和经营，因而他们对于农业技能，经商和文化基础知识的培训有更高的需求。而对于女性劳动者而言，由于其学历、技能、劳动生产率较低，她们更希望通过学习农业新品种来改善现有的农业生产状况，从而提高农业生产力。

2. 年龄因素：年龄对新型职业农民培训内容无显著影响。其原因可能在于大多数农村青年选择进城务工，农村人口按照年龄特征呈现留守儿童、留守妇女和老人的"六一三八九九"现象。而留守妇女和老人与中青年相比，年长的人群思想比较保守，倾向沿用传统的农业技能进行农业生产；妇女更容易满足现有生活，而且忙碌于照顾老人和儿童以及忙于农业生产，没有充裕的时间参加培训。因此，尽管理论上来说，具有劳动能力的中青年学习能力和接受知识技能的能力更强，但是城镇化进程中，大部分农村中青年人群更愿意选择在外打工，部分中青年群体只在农忙时期返乡从事播种、收割等农业活动，限于工作选择偏好及农业活动时间较短等多重因素，农村中青年群体并不愿意参与新型职业农民培训。

3. 受教育程度因素：受教育程度对新型职业农民培训内容需求有显著影响，其中"小学及以下和初中学历"对文化基础知识培训具有显著负影响，对经商技能培训具有显著正影响。这说明农业新品种与文化基础知识相比较，初中文化水平以下的农业生产者更愿意接受农业新品种培训。

但经商技能和农业新品种相比，他们更倾向于选择经商技能培训。原因在于被调查者可能从农业生产中获得的收入未能满足他们的物质需求，还希望兼业从事经商活动来提高收入。此外，"高中以上学历"对参与新型职业农民培训活动内容需求无显著影响。其原因在于，具备高中以上学历的群体往往选择离开农村到城镇选择职业，而不愿意从事农业生产、或留在农村从事商业、经营等相关的活动。

4. 第二职业因素： 第二职业对新型职业农民文化基础知识方面的培训需求有显著负影响，也就是说，有第二职业的农业生产者，在面对选择参与文化基础知识和农业新品种培训时，更倾向于选择农业新品种技能培训。其原因可能在于：兼业农民受其自身文化水平和劳动技能较低的影响而无法从事技术含量高、待遇好，工作环境佳的工作，多数只能从事一些初级职业和岗位，因而他们更愿意参与农业新品种培训来改变传统的农业品种，提高农业生产率，从而增加收入。

（二）家庭特征对新型职业农民培训内容需求的影响

1. 家庭年均收入因素： "家庭年均收入在 5 000—10 000 元"对经商技能需求具有显著负影响，可见，经商技能和农业新品种技能相比较，收入在 5 000—10 000 元的农户更愿意接受农业新品种技能。另外，"年均收入在 10 001—30 000 元"对基础知识需求具有显著正影响，说明年均纯收入为 10 001—30 000 元的农户更愿意接受基础知识的培训。因此，可以看出不同年均收入水平的被调查者对培训内容有着不同的需求。

2. 人均土地面积因素： "人均土地面积为 0"对经商技能的需求具有显著负影响。其原因主要包括两个方面：首先，失地农民没有了土地，学习与农相关的知识和技能已经对他们的生存和发展作用较少，因此，失地农民愿意接受经商技能的学习。相关学者也提出，失地农民培训应侧重于创业实践能力的培养，应包括培养行业技术和经营管理技能两个方面的能力。其次，对一些将土地转让给其他农户的农业生产经营者而言，参加与农相关的培训活动对他们生产生活产生的影响较少。因此，他们可能更倾向于学习经商技能。

3. 家庭人口总数因素： 家庭人口总数对新型职业农民的培训内容不具有显著影响。其原因可能在于由于假设中认为农户家庭人口数越少，在农业生产中劳动投入越少，生产管理的精细程度越高，采用新知识新技能的可能性就越大。但是对于农户而言，一方面，由于家庭人口数越少，参加新型职业农民培训所造成的成本包括交通、食宿和机会成本就会越大。另一方面，由于农村家庭各成员处于不同的年龄阶段，有不同的生活方式。与参与培训相比，青壮年可能选择上学或者外出打工。中青年更倾向于选择外出打工，老年人受年龄和学习能力的影响不能接受新型职业农民培训。所以模型中显示家庭人口总数对新型职业农民的培训内容需求不具有显著影响。

（三）其他因素对新型职业农民培训内容需求的影响

在其他因素中，"对现有农业技能满意"和"有意愿参与新型职业农民培训活动"分别对农业技能的需求具有显著正影响。一方面说明，对农业技能越满意的农户越希望接受农业技能的培训。其原因可能在于农业生产经营者受终身教育思想影响，学习热情比较高，对于参与农业技能的培训积极性较强。另一方面说明，有意愿参与培训的农户，在面对农业新品种和农业技能培训时，他们更倾向于参与农业技能方面的培训。

四、结论与对策探讨

本研究采用 Multinominal Logit 模型对新型职业农民培训内容需求及其影响因素进行深入探究，研究发现：农业生产经营者性别、是否有第二职业、家庭年均收入、家庭总人口、家庭人均土地面积、是否满足现有的农业技术和是否愿意参与新型职业农民培训活动等因素对新型职业农民对培训内容的需求具有显著影响。因此，相关决策部门应进一步从政策角度探讨如何充分发挥上述因素的作用，以有效满足新型职业农民的培训需求。

第一，完善新型职业农民培训制度，从制度上保障农民需求。制度是保证新型职业农民活动顺利进行的最有效条件。由于新型职业农民受自身特征影响，对培训内容呈现多样化需求，因此应该从制度上建立根据培训对象个体特征、家庭状况和培训意愿等基本情况进行分类的培训制度。相关研究者也指出："合理筛选新型职业农民的培训对象是进行培训活动的前提，精准瞄准培训对象，能将有限的资源集中起来，使有意愿参与培训的人群能够获得所需培训"。具体来说，在进行新型职业农民培训活动之前，应该加强农民培训需求的调查，分析培训对象，根据培训对象特征和需求筛选分类培训，这样才能提升培训的有效性。在培训新型职业农民的过程中遇到问题应有相应灵活的调整机制，根据具体案例给予相应的指导。培训后应该对优秀学员给予激励，并为参与培训的农户提供后续指导。著名的经济学家舒尔茨也曾指出：如果有合理的激励，农民可以点石成金，而这个合理的激励应该来自改革。

第二，培训内容应提升实用性、创新性和全面性，使其与农户需求相匹配。本研究结果显示：女性更愿意接受农业新品种的培训；人均土地面积为 0 的农户更愿意接受经商技能的培训；收入在 5 000—10 000 元的农户更愿意接受农业新品种技能培训，而年均收入在 10 001—30 000 元更愿意接受基础知识的培训；初中文化水平以下的农业生产者更愿意接受农业新品种；等等。可见由于性别、人均土地面积、家庭年均收入等方面的不同，其对培训内容需求也不同。因此，未来新型职业农民培训过程中，培训内容应首先坚持"能用、有用、够用"的实用性原则，切实保证农户需求，减少教育内容与实际生产脱节、所学知识不能转化成实际生产力的问题。针对此问题，舒尔茨也曾提出"改变传统农业不能停留在原有技术水平的生产要素的累积和组合上，而必须向农业投入新的生产要素"。国内相关学者也指出："新型职业农民培训，应该随着其农业生产、经营需要，不断更新农业知识和技能"。此外，新型职业农民培训内容应该具有"全产业链的特征"，培训内容应具有全面性。比如，以种植业为例，培训内容应该包括前期的育苗选种培训，中期关于作物生长相关经营管理的培训，后期关于作物的销售等技能，构建产业链的培训内容机制。

第三，建立多元化参与的投资机制，减轻新型职业农民培训负担。农户在不同年均收入水平下会选择不同的培训内容。另外，由于受到培训成本的制约，农户家庭人口变量也会影响农户对培训内容的选择。因此，这就需要建立各级政府配合推动、政策促动、学校参与、农民主动等多方参与金融机制来减轻新型职业农民培训的负担，为新型职业农民培训活动创造良好的条件。此外，著名经济学家迈克尔·P·托达罗也提出现代农业转型的成败，不仅取决于农民提高其生产率的能力和技术，更重要的是农民所处的社会、商业和制度的各项条件。特别是如果农民能够通过适当、可靠的途径获得贷款、化肥、水、作物和销售渠道，农业生产者就会更加积极地投入农业生产和经营中，也会不断地通过参与新型职业农民培训活动来提高自己。

　　第四，建立通畅的信息传递渠道，促使新型职业农民积极参与职业培训。本研究调查发现高中以上学历的样本人群对新型职业农民培训的需求很少，其原因在于受传统观念的影响，社会上多数人仍然认为穷人往往从事农业生产活动，这就严重影响到新型职业农民群体的稳定性。因此，政府应该通过加强对新型职业农民成功事迹的宣传，提高农业劳动者、经营者和管理者等群体对现代农业发展和新农村建设重要作用的认识。另一方面，受信息不对称的限制，农民无法及时获取职业培训相关信息，导致农民无法正常参与新型职业农民培训活动。因此，各级政府应该通过报刊、电视、网络等媒体工具充分宣传，努力创造一个政府支持，社会鼓励，农民积极参与的良好培训氛围。

原文发表在《职业技术教育》，2016，37（36）：39-44.